最神祕的
海洋生物
百科

與30種海底生物一起探索
你不知道的海洋世界

TV生物圖鑑——著　柳南永——圖

徐小爲——譯

各位小朋友們好！我的名字叫做TV生物圖鑑，簡稱「生圖」！

我在Youtube上開了一個介紹各式各樣生物的頻道，頻道的名字就叫「TV生物圖鑑」。我最近非常沉迷於觀察和飼養獨特的海洋生物們～

　　高山、原野、江河和大海都具有各自的特色，也有多樣的神祕生物生活其中。但我覺得最特別、存在著最多種類生物的地方莫過於大海了。地球有70％的面積都被海洋包覆，而這寬廣深邃的大海之中，據說還有無數我們尚未發現的海洋生物。這些海洋生物能成為我們人類豐富的資源，也可以是我們漂亮可愛的寵物。

不過對於這些種類多變而充滿魅力的海洋生物們，人們的關注度還遠遠不夠，甚至有許多人是不太了解海洋生物的。所以希望藉由這本書告訴大家，大海中不僅生活著極其美麗而神奇的生物，同時也有著非常危險而可怕的物種。也希望本書可以成為讓各位想更加親近海洋生物的契機，只有當更多人開始關注牠們的時候，我們才能好好守護這些美麗的海洋生物。

2023年，TV生物圖鑑

推薦序

我也非常認真在收看TV生物圖鑑！只要是生物人就絕對會訂閱的Youtuber第一名！！居然可以透過實體圖鑑讀到各種有趣的海洋生物故事，實在是太讓人期待了！

作家－雞蛋博士The egg

- -

哇～～竟然能在一本書裡看到這麼多種生物，真是太棒了！想必能夠學到許多神祕的海洋生物知識，大力推薦給各位！

Youtuber－鄭布爾

- -

這是一本極具幽默感與豐富知識的圖鑑，讀著讀著便沉浸在海洋生物之中，都感受不到時間的流逝呢！平澤馴獸師TV生物圖鑑Fighting！

Youtuber－多黑

- -

有趣又好讀，非常有幫助的書！書中仔細講解了生物的重要特徵，卻又說明得非常淺顯易懂。極力推薦給喜歡大自然和生物的各位朋友。

Youtuber－Breeder OH

目次

可以在家飼養的
神祕海洋生物們！

住在沿岸淺海的
奇妙海洋生物！

住在黑暗深海的神祕海洋生物！

海底拳王，蟬形齒指蝦蛄
懷孕的爸爸?! 海馬
劈哩啪啦！火焰貝（閃電貝）
神祕的藍血生物，三棘鱟（馬蹄蟹）
海星獵食者！油彩蠟膜蝦（小丑蝦）
膽小敏感的極致，園鰻（花園鰻）
體操彩帶的高手，管鼻鯙（五彩鰻）
拳擊之蟹，花紋細螯蟹（拳擊蟹）

活的鯛魚燒，松毬魚（刺毬）
外表可愛卻是肉食動物，海葵
五花八門，軟綿綿的裸鰓目，海蛞蝓
海中小流氓，簑鮋（獅子魚）
偽裝達人，裝飾蟹（偽裝蟹）
知名度超高的卡通主角，小丑魚（尼莫）
透明軟嫩的大海果凍！海月水母
頭上有根釣竿，條紋躄魚（娃娃魚／五腳虎）

可以在家飼養的
神祕海洋生物們！

海底拳王，
蟬形齒指蝦蛄

第一印象

我的英文是「mantis shrimp」，『mantis』是螳螂、『shrimp』是蝦子的意思，雖然有個蝦字，但我其實是蝦蛄喔！

不要開玩笑說我是蝦子哦～

別動！我背後也有眼睛喔！我可是能看見360度全方位的視力天才呢！甚至還能感受到紫外線和紅外線。獵物們啊，最好不要在我周圍隨便晃來晃去喔！

紅、橙、黃、綠、藍、靛、紫，擁有完整彩虹色系的美麗姿態！怎麼樣，我美吧？

晃～晃～

海裡的螳螂？ 來戰啊！

強而有力的前腳就是我最大的魅力！因為我會用巨大的螯足抓住食物，所以又有人叫我海裡的螳螂。

我在盯著你！

嗶哩嗶哩

嗶哩嗶哩

唰唰唰～
唰唰唰～

跑跑跑跑

在我華麗外型中顏色最鮮豔的是尾扇！它讓我能夠向前突進。

捕食的時候，我會用步足快速移動，所以可以在一瞬間迅速抓到獵物。

漂亮的尾扇還讓我多了一個小名叫「雀尾螳螂蝦」

分類 蝦蛄科
尺寸 約5～40 cm
食物 貝類、甲殼類等
棲息位置 印度洋、西太平洋等
特徵 強勁的拳法

連魚缸的玻璃都有辦法擊碎，讓人聞風喪膽的蝦蛄—蟬形齒指蝦蛄！在牠五彩繽紛的美麗外貌下，藏著一對擁有巨大破壞力的強勁拳頭。一起來看看蟬形齒指蝦蛄的猛烈一擊吧！

Let's～go！

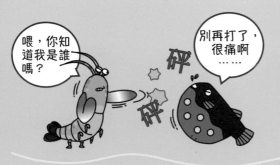

喂，你知道我是誰嗎？

別再打了，很痛啊……

碎 碎 碎

反差魅力

咻！咻！看我重磅拳頭的威力！

牠會使用巨大的螯足**猛烈出拳**，攻擊獵物時通常都是一、擊、斃、殺！

左勾拳

呃啊

由超高速震波引起的氣泡！

咕嘟咕嘟

蝦蛄揮拳的時候周圍會冒出許多氣泡，這些氣泡是由極快速的**震波**所引起的！而這樣的震波只有用超高速相機才捕捉得到哦！

暴君就是我啦！

！嗶嗶嗶嗶

除非你沒有痛覺，不然**絕對不可以用手抓牠**！蝦蛄的脾氣非常暴躁，會攻擊所有活著的東西，**請務必單缸飼養**！

蝦蛄就是～有著華麗的外表和惹不起的個性，是個讓人同時感嘆與害怕的奇妙生物！

不要隨便去招惹沉睡中的蝦蛄哦！

夜行性的蝦蛄是獨行俠，白天一般都在沙堆或洞窟中生活，晚上才會爬出來狩獵。

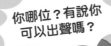

你哪位？有說你可以出聲嗎？

好可怕…快閃啊！

蛤蜊殺戮事件

領養蟬形齒指蝦蛄的那一天…
我很擔心牠有力的大螯會刺破塑膠袋，
所以裝了好幾層袋子才把牠帶回來。
把牠放進玻璃缸之後，
蝦蛄大哥也一直敲著缸壁！
好擔心水族箱會破掉啊…

> 大哥，拜託不要再敲了，魚缸很貴的 T_T…

> 緊張匀匀…

> 碎 碎

> 快點放飯！

> 呃啊，救命啊～

> 肚子餓的我，可是很派喔！！！

> 咻咻

專業吃播主 蟬形齒指蝦蛄

蝦蛄很貪吃，也不會偏食，基本上
什麼都吃！就算不是活體食物也無
所謂，冷凍海鮮、甚至是魚飼料牠
都吃得很開心！

蝦蛄吃播秀！
蝦蛄有力的螯足讓牠可以輕鬆敲碎堅硬的
食物。所以我準備了蛤蜊！
蝦蛄大哥有辦法享用有著
堅硬外殼的貝類嗎？

> 受死吧！吃我一拳！

> 喝！

四分五裂的蛤蜊
蝦蛄大哥一拳就把蛤蜊打得四分五裂，
把牠一擊送上了龍宮。
於是無情的蝦蛄大哥便開始把
蛤蜊殼裡柔軟的肉挖出來吃。

> 親手料理的就是美味啊～

> 好吃好吃

> 抱歉沒能守護你…

驚慌失措又暈頭轉向的一天

不是吧，這要我怎麼清啦？

你問我？？

睡了一覺起來，缸裡亂成一團！
到底發生什麼事了呢？
這些都是喜歡挖洞藏身的
蝦蛄大哥弄出來的傑作啦！

還沒開始打掃水族箱就已經害怕，
很擔心清理時會被蝦蛄大哥的螯足擊中…
不過，我還是咬緊牙關開始打掃。

你的眼球可以轉到別的方向嗎？

緊盯

可別偷懶啊！

我最喜歡布置房間了！

啦啦～♪

某一天發現蟬形齒指蝦蛄的窩，
居然被布置得非常漂亮！
這是怎麼一回事呢？
其實蝦蛄很喜歡蒐集珊瑚斷片或貝殼等等，
拿來裝飾自己的巢穴！
可以說是室內裝潢專家呢！

懷孕的爸爸?!
海馬

第一印象

居然有在海裡游泳的馬?

嘶嘶～

哎呀，嚇我一跳！

推薦影片Q

因為我在水中直立的樣子看起來很像馬，所以才被取了『海馬』這個名字。怎麼樣？真的跟馬一模一樣吧？

雖然我長得像馬，外型也很特別，有很多人誤會我不是魚，但我可是無庸置疑的魚類哦！

我的頭部有著像馬鬃毛的冠狀突起，吻部（嘴巴）是長長的管狀，向前突出。

一開一合～我沒有牙齒喔，呵呵

飄來 飄去

晃呀～ 晃呀～

這海馬的泳技也太差了吧？

給你看看我是魚類的證據！我雖然很小，但我可是擁有胸鰭和背鰭的！傷心的是我沒有尾鰭，所以不是很善長游泳…T^T

長得就像高音譜記號呢！

熟睡 熟睡

我的尾巴捲得圓圓的，它可以讓我抓住四周的海草、珊瑚，把身體固定在上面。

分類 海龍科
尺寸 約6～10cm
食物 小蝦、糠蝦等
棲息位置 印度至太平洋
特徵 外型長得像馬

長相跟馬一模一樣的海洋生物—海馬！
海馬的生活方式跟牠的長相一樣神祕，
就讓我們一起來看看牠是怎麼生活的吧！

雌海馬

雄海馬

在生寶寶了啊！呵呵

所以是媽媽生小孩，還是爸爸生小孩啊？

聽說海馬是由爸爸負責生小孩，是真的嗎？
其實海馬跟一般魚類一樣是由雌性產卵，
不過產卵的地點很特別，
是在**雄性的育兒袋**中。
雄海馬負責用自己的育兒袋將卵孵化，
所以看起來才像是雄海馬自己生小孩的感覺。

反差魅力

海馬的下顎並不發達，
嘴巴像吸管一樣長長的，
沒辦法張開。
所以牠只能等獵物接近的時候先瞄準好，
再一口氣「咻」地把獵物吸進嘴裡。

吸 吸

你再靠近一點嘛！

超完美隱身術！

海馬會用牠靈活自如的尾巴，緊緊勾住周圍的海草或珊瑚躲起來，捕食路過的**小蝦或糠蝦**…等等。

牠特殊的外型吸引許多人養來觀賞，
但**海馬養起來並不容易**，
把牠帶回家之前
要謹慎思考喔！

安捏?!

高傲

你有自信的話，就養看看吧！

海馬就是
長得很特別、育兒方式
很特別、游泳能力也很
特別！
不過，海馬畢竟也是魚！
魚就是魚！

海馬飼養難易度＝高

哎喲，養你養到要昏倒了～(ㄒ∧ㄒ)

我餓了！我要吃東西！

海馬需要細心照料

因為海馬的消化能力不好，
不太能吸收養分，
所以得整天一直餵食才行。
而水槽也因為這樣必須經常清理！

海馬是偏食鬼！

對其他魚兒們常吃的飼料，
海馬連看都不看一眼。
牠想吃的只有新鮮的糠蝦和
小蝦子而已。

真是把自己當王了嘛…

很好，你可以退下了！

想見到海馬，就得前往溫暖的南方海邊。
仔細觀察海邊或港邊的海草縫隙吧，
幸運的話可能會遇到海馬喔！

哇啊！有人來了快逃啊！

海馬啊，讓我看看你的臉

海馬的生存能力＝低

因為海馬的生存能力不強，
所以牠們會根據環境改變
身體的顏色或花紋，
藉以偽裝自己，
甚至還能改變頭部的突起形狀
和身體長度哦！

哇啊！新品種海馬耶！

不是啦！我只是變身而已啦！

在某些國家的快炒小吃中，
有時候會發現海馬的蹤跡。
因為海馬魚苗的大小跟鯷魚差不多，
所以也會被專門用來捕鯷魚的漁網一起撈上岸。
小烏賊和小蝦子也會像這樣一起被捕撈上來。

你們怎麼會在這裡呢…？

好冤啊…

是喔？

海馬自古以來就被視為是經濟價值高的珍貴中藥材，
能夠滋補養身，對於治療神經系統疾病更是有效。
不過現在海馬已經有瀕臨絕種的危機，
所以要是看見海馬，
我們觀察就好，
記得不要捕捉哦！

請食用效果相同的食補～

劈哩啪啦！海裡電流
火焰貝（閃電貝）

第一印象

劈哩
啪啦

閃電般的
藍色亮光

因為我的殼與觸手之間會發出像 閃電 般的閃光，所以我又叫做閃電貝。

推薦
影片
Q

彷彿火焰般的 鮮紅色觸手！
世上怎麼會有長相如此
強烈的貝類呢？

哇！外型
太震撼了

你是
新來的？

我通常都把身體塞在
石頭縫隙 之間生活，
乍看之下長得很像
紅色的海膽或海葵。

雖然是貝類，
但不要以為
我的動作很慢喔！
我藉由開合外殼
得到的 推進力，
可是能迅速移動哦！

我有數十對觸手，
伸出外殼
就能獵食
浮游生物
來吃啦！

抓到啦～
飽餐一頓

都給我讓開！
喀
喀

分類 狐蛤科
尺寸 10 cm上下
食物 浮游生物
棲息位置 印度洋、太平洋等
特徵 電流般的閃光

你說我像不像
響板？
「喀喀喀喀！」

來個節奏啊！

一閃一閃發出亮光的火焰貝！
但如果真的是電流的話不危險嗎？
那閃現的光芒到底是什麼東西呢？

Let's～go！

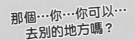
那個…你…你可以…
去別的地方嗎？

反差魅力

儘管火焰貝看起來有點可怕又有點噁心，但牠其實是全世界最沒用的**膽小鬼**。因為牠太膽小了，所以是為了趕走敵人，還有吸引獵物才發光的。

？？

殼與觸手之間散發的光芒並**不是電流**，它能在黑暗中吸引趨光性浮游生物以利補食，也被稱之為「生物光」。火焰貝貝唇邊緣有像共生藻的反光細胞，波浪式的擺動，看起來很像電流通過的樣子，是個**障眼法**！

你也沒什麼嘛！害我白害怕了。
敲 敲
什麼？

藏在觸手之間，長長的看起來像舌頭的其實是**腳**，在挖掘沙地或移動時會用到。

嗨！要跟我的腳打聲招呼嗎？
腳

魄力十足的火紅色貝類～
呦呼!!

火焰貝就是～～
不用擔心我會釋放百萬伏特！我只是表面看起來可怕，其實是個膽小鬼！

因為我的鮮紅觸手讓人印象深刻，很多國家叫我『火焰貝』或『火焰扇貝』哦！

21

好像電流又不是電流！

我很好奇火焰貝的電流究竟
長什麼樣子，所以試著把燈關了。
但關燈之後不管等多久，都看不到！
如果環境太暗，少了光源反射作用，
反而無法產生閃電般的效果。

怎麼回事啊？
不會發光啊！

我又沒說
我會發光…

火焰貝究竟吃些什麼，其實至今還難以確認！
不過雖然火焰貝的相關研究還不夠，
從目前為止得到的資訊可以推測出，
牠吃的是浮游生物之類的。

浮游生物！
還不給我
站住！

喀

喀

為了直接觀察到火焰貝進食的樣子，我試過
給牠各式各樣的食物，但火焰貝大人可沒有
輕易允許我觀察牠呢！

就說我很容易
緊張了…你看著我就沒
辦法吃了～

你要高高在上到
什麼時候啊？

海底世界的皮卡丘～

真的會發電的生物！

雖然火焰貝的電流只不過是障眼法，但魚類之中可是真的有魚會發電哦！這些魚兒們都具有能在水中發電的器官，最具代表性的有電魟、電鯰、電鰻…等。

滋滋滋　滋滋滋　滋滋滋

真是的，那些皮卡丘又來了

● 發電器官　● 電流產生的方向

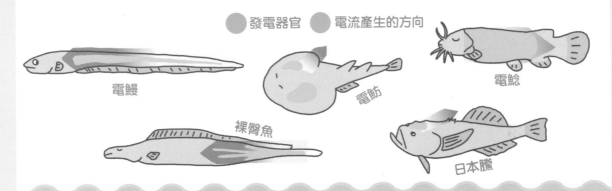

電鰻　　電魟　　電鯰

裸臀魚　　日本䲁

這些生物都能藉由電流的流向，感知周圍是否有敵人出現，也能用電擊將小魚擊昏，再予以補食。

滋滋滋　哥！　30V　＜　滋滋滋　大哥！　400V　＜　小弟們來啦？　700V　滋滋滋

電魟　　電鯰　　電鰻

23

神祕的藍血生物
三棘鱟（ㄏㄡˋ）（馬蹄蟹）

第一印象

看起來就像一頂翻過來
的頭盔對吧？
一般的攻擊可是打不倒我的哦！

因為長得像**馬蹄鐵**，
所以在國外也被稱為
「**馬蹄蟹**」。

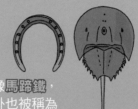

馬蹄鐵：用來保護馬
蹄，具有鞋子功能的
鐵片

全力攻擊

敲

誰在搔我
癢啊？

刺！夾！

我的眼睛
分布在好幾
個地方！

口部

我的**眼睛**構造很特別，
兩邊隆脊各有一個複眼，
身體背甲和腹甲的各處則藏著 8 個
具有感光功能的小型單眼。
我的口腔位在腹側的身體中央，
所以可以偷偷吃東西喔！

我身體後側長著
許多**尖刺**，是我用來
防禦的武器！

三棘鱟

蠍子

你是
我的
姊妹～
（唱）

哎呦好啦
～不要這
麼兇嘛

唰
唰

還不快滾？

雖然我的別名裡有「蟹」字，
但其實我的基因跟**蠍子**更接近！
觀察我的腹部就會發現
我的確更像蠍子哦！

分類 鱟科
尺寸 最大約80cm
食物 沙蟲等小型生物
棲息位置 亞洲、北美、
中美洲沿岸
特徵 被堅硬甲殼
覆蓋的身體

推薦
影片
Q

從 2 億年前到現在，都用同一種樣子生活在地球上的三棘鱟！
其實在牠特殊的外表下，藏著非常神奇的祕密。
一起來揭開三棘鱟的神祕面紗吧！

Let's～go！

發抖　發抖

對…對不起…

反差魅力

你看過藍色的血嗎？

三棘鱟的血液是很不可思議的藍色，這種藍血裡有著獨特的抗菌能力，被用於醫療藥品的開發。據說每年作為捐血用途的三棘鱟就有50萬隻！

無法想像的價格！

三棘鱟的血液價值是全世界之冠。
據說1公升大約價值50萬台幣，比人類血液還貴！

1ℓ
50萬元

50萬！！！

讓我一個人靜靜

不要這樣啦～

三棘鱟不會游泳，
所以牠只能在沙地或泥灘中爬行，
捕食沙蟲之類的小生物。
白天主要都藏在沙堆裡。

雌性的三棘鱟會在淺海沿岸的泥灘或沙岸上挖洞，
產下數萬個 3 mm 大小的卵。
這些卵要避開人類或鰻魚之類的天敵才能存活。

總覺得有點抱歉呢

三棘鱟就是～
鋼鐵般堅硬的外殼底下，擁有珍貴藍血的金身！

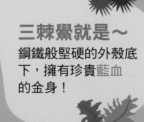

尷尬…

用力～

我能躲就躲了…

這裡也有點

尷尬～

悄悄退後中…

與生俱來的神祕天性

那個…你有看到三棘鱟嗎？

要放飯了嗎？

油彩蠟膜蝦

明明已經把牠放進水族箱，三棘鱟卻消失不見了！牠躲去哪裡了呢？藏在沙堆底下，整整一個禮拜都無聲無息！

扭扭捏捏

躲好躲滿

千呼萬喚，終於出現了！

抱歉，怠慢了，請享用！

怕牠肚子餓，趕快準備食物恭候大駕！在家養的話，把蛤蜊肉或魷魚剪成小塊，牠就吃得很開心了，聽說牠也很愛魚飼料哦！

我餓到要被鬼抓走了呢！

乾癟癟

賭上性命的脫殼…

呃啊！

三棘鱟等甲殼類需要脫殼才會長大喔！

某一天，我竟然在水族箱裡發現死掉的三棘鱟！嚇了一跳趕緊把它拿出來…嗯？仔細一看發現是牠脫下來的舊殼。三棘鱟脫掉舊殼之後，比原本長大了2倍！

消失中的人類救世主

人類利用三棘鱟血液的抗菌力，開發出名為「鱟試劑」的細菌檢測劑，藉由鱟血的特性，可以透過試劑有無凝固或變色，來推斷是否存在有害細菌。

只要像這樣加入三棘鱟的血⋯

痛嗎？我也很心痛。對不起T__T

缺血全身無力⋯

一般會在活體三棘鱟的心臟附近打洞，抽取30%左右的血液之後再把牠們放走。據說10隻裡面會有 1 隻在被抽血後死亡，而會有3隻在被野放後死亡。

2019年年末新冠肺炎肆虐，
其疫苗在生產時也使用了大量鱟血。
雖然三棘鱟還不致於面臨絕種危機，
但牠們的數量正在迅速減少當中。
讓我們一起思考可以保護三棘鱟，
同時也能讓人類得到幫助的方法吧！

應該找得到能代替三棘鱟血液的化學物質吧？

海星獵食者
油彩蠟膜蝦（小丑蝦）

第一印象

油彩蠟膜蝦（Harlequin shrimp）的「Harlequin」是『小丑』的意思。因為身上的紋路就像小丑服裝一樣華麗，才有了這個英文名字。

嗶哩哩哩

推薦影片Q

海裡居然有花？什麼！這不是花而是蝦子？

等等…我感覺到前方有什麼了！

我會用寬大的觸角去感受和補食獵物。這觸角看起來也很像兔子耳朵吧？

雖然螯足不算很大，但上面有著花瓣般的花紋，所以看起來既華麗又巨大！

我雪白的身體上有著紅色或藍色的斑紋，外表之所以這麼華麗，是為了讓我能更完美地躲在珊瑚礁之間。

喔？好漂亮喔！

羨慕我的花色嗎？

人家說認真就輸了…

分類 長臂蝦科
尺寸 約5～6 cm
食物 海星
棲息位置 印度洋、太平洋
特徵 花瓣一般的外表

老婆，等等我啊！

母蝦

公蝦

就算已經是成蝦，油彩蠟膜蝦的大小也不會超過成人的兩根手指頭。而母蝦比公蝦稍微大一點。

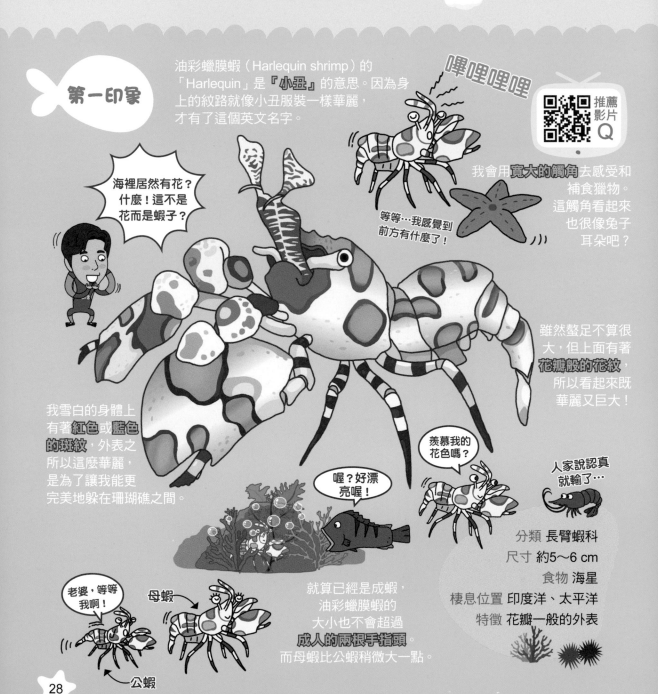

誰說海星是海裡的麻煩精呢？
至少對油彩蠟膜蝦而言，海星是不可或缺的重要糧食呢！
不過，體型很小的油彩蠟膜蝦，究竟是怎麼獵食海星的呢？

Let's～go！

油彩蠟膜蝦是
夜行性動物，
白天躲在珊瑚礁之間，
晚上才會出來獵食海星。

晚上是我覓食
的時機

我最喜歡吃
海星啦～♫

反差魅力

我體型
雖小，力氣可是
相當驚人哦！

這麼小的蝦
子，怎麼抓得
到海星呢？

嘿咻

一發現海星，牠就會直接
爬到海星背上，
把海星黏在地上的
腿一根根拔起來。

讓海星離開地面之後，再把海星翻過來避免牠逃跑，接
著一點一點地享用。為了吃到最新鮮的食物，油彩蠟膜
蝦不會殺死海星，而會讓牠保持**活著的狀態**，可說是很
懂吃呢！

唉，好
可憐！！

可以讓我一次
就死透嗎…

**油彩
蠟膜蝦就是～**
小而華麗的外表底下，
藏著凶狠的吃勁！海星
快逃啊！

獵物體型較大時，
公蝦和母蝦甚至會
聯手出擊。

哎哎…
一打二，不講
武德喔！！

老公，右邊
交給你了！

OK～

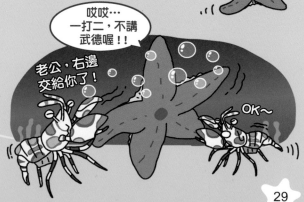

只要海星，其餘免談！

飯！飯！

我的飯送來沒？

啊對了，海星！

在水族館第一次看到油彩蠟膜蝦的時候，就對牠一見鍾情了！於是小心翼翼地把牠帶回家，打點好牠的窩。但開心也只是一瞬間！居然忘了準備油彩蠟膜蝦的食物—海星！

我抱著姑且一試的心情給了牠魚飼料、冰箱裡的魷魚、蛤蜊…等等，把各種食物都放進去，但是牠連正眼都不瞧一下…

哎喲喂呀！

你當真都不要嗎？

不是海星，我不吃！

NO

NO

最後好不容易才買到海星，而油彩蠟膜蝦一副等很久的樣子，立刻開始獵食！

我要開動啦！

油彩蠟膜蝦第二愛吃的是…

雖然大家都知道油彩蠟膜蝦的食物就是海星，但在最愛難尋時，據說牠偶爾也會獵食海膽哦！

那可是我去抓來的海星啊～

你多吃點啊…

肚子好餓！

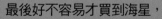

油彩蠟膜蝦凶狠的吃勁

你也考慮一下海星的心情嘛…

據說油彩蠟膜蝦只喜歡吃活海星，
我很好奇這到底是不是真的，
所以試著把死掉的海星放進水族箱，
果然我們的女王大人完全不屑呢！

這是身為懂吃美食家的慾望與堅持！

因為油彩蠟膜蝦是一點一點啃食活海星，
所以魚缸的水很容易被弄髒。

 髒了？

 又髒！

 太髒啦！

因為養了油彩蠟膜蝦，
每個禮拜去海邊抓海星變成了我的日常。
去哪找像我這麼用心的飼主呢？

唉，體型這麼小，卻讓我費如此大的勁啊！

膽小敏感的極致
園鰻（花園鰻）

第一印象

我們之所以會有花園鰻（Garden eel）這個名字，是因為很多隻一起伸長身體、搖頭晃腦的樣子，看起來就像花園長出來的草一樣。

輕輕　搖擺

推薦影片 Q

伸　伸　啊～舒服

出來透透氣

我不是蛇也不是狐獴，是鰻魚啦！
只是因為個性膽小，所以躲在沙子裡面而已。

害羞　可愛

既然我是魚，那麼我的魚鰭在哪裡呢？仔細觀察會發現，我的魚鰓後面有著小小的胸鰭。因為我幾乎都待在沙子裡，不太需要游泳，胸鰭就退化得很迷你了。

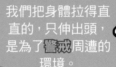

我們把身體拉得直直的，只伸出頭，是為了警戒周遭的環境。

看有沒有天敵過來

盯　盯　盯

因為要監視周圍有沒有天敵出現，除了有著細長的身體，園鰻更有一雙圓滾滾的明亮大眼睛！

炯炯　有神

你是條紋？　你是點點？

園鰻的花紋依種類不同而有所差異。哈氏異康吉鰻全身都有黑色的斑點，而橫帶園鰻則是橘色的身上有著白色條紋！

分類　糯鰻科
尺寸　長度多樣，10～120 cm
食物　動物性浮游生物
棲息位置　印度洋、太平洋等
特徵　將身體埋在沙中生活

在水族館裡看到的園鰻總是把自己埋在沙子裡，只把頭悄悄地伸出來。

天性膽小的園鰻為什麼這麼喜歡沙子呢？

而園鰻埋在沙裡，又是吃什麼食物呢？

Let's～go！

眼睛 可愛

愛～睏

園鰻是一種非常膽小謹慎的生物，

牠們無法獨自生存，總是數十隻待在一起，

把身體藏在沙子裡，只露出上半身生活。

所以要看到園鰻離開沙地的模樣，

可比摘下天上的星星還要難啊！

反差魅力

欸！什麼？

都跑哪去了啊？

縮縮縮

貨真價實的『鰻魚』

如果你看過離開沙地的園鰻，就會知道牠們身體長度很長，

雖然名為鰻魚，但牠們的尾巴強而有力，可以迅速挖掘沙地、瞬間鑽入！

今天的食物怎麼
還不過來呢？

肚子好餓！

咕嚕嚕嚕～

園鰻的食物主要是飄在水中的動物性浮游生物和

極小的生物，補食時牠們也只待在挖好的洞裡，

把頭伸出來等待獵物經過。

挑對位置才
不會餓肚子
啊!!

伸長～

啊慢了一步！！

在獵物經過牠們
頭上的瞬間，
園鰻會把身體拉直，
吞下獵物，
再迅速躲回去！
所以一定要攻佔好位子！

園鰻就是～

身體很長、長得像個傻
大個，一輩子都躲在沙
裡的呆萌小生物。

探頭探腦！來打地鼠

因為園鰻需要躲在沙裡把身體垂直伸出，所以水族箱的底沙厚度要10cm以上。如果沙質太粗糙，可能會傷到牠們的身體，所以要儘量準備最細的沙。

真是太貼心了！！

The love ♥

各位園鰻～幫大家送沙子來啦！

啵 啵 啵

一個一個冒出沙面，是在玩打地鼠嗎？

考慮到牠們喜歡群居的習性，我一共帶了6隻回家。終於把園鰻放進水族箱了！這群膽小鬼們果然馬上就躲進沙裡了！

膽小的園鰻旁邊還有更膽小的園鰻！因為牠們對缸裡的環境還很陌生，會輪流躲起來，所以很難看見集體探出頭來的畫面。

讓我一次看6隻有這麼難嗎？

來找我啊～！

什麼時候才可以看見從沙子裡探頭出來的園鰻呢？園鰻如果不滿意現在的位子，就會迅速鑽出，再重挖新的位置躲進去。

張大眼睛等著！

就在一瞬間喔！

膽小鬼脫逃記

原本以為園鰻只是一群膽小鬼，後來發現牠們其實很愛打架？不知從哪天起，園鰻們在水族箱裡展開了排序之爭。力氣最大的那隻開始攻擊體弱的另一隻園鰻，一直咬牠。

感謝相救，我避一避先…

唉，這樣下去應該要隔離吧！

怎麼牠又被揍了?!

而且，園鰻還是脫逃的高手！用牠們長長的身體和有力的尾巴，逃出魚缸可說是輕而易舉！所以飼養的時候一定要記得準備蓋子！

快…快來人救命啊！

卯足全力拚了

衝啊！

嘿咻！

不能安份點嗎?!

加油！

啊！

整天躲在沙裡的園鰻又是怎麼上廁所的呢？不用擔心，牠們直接把身體拉直，噗～就出來了！

你們這樣對得起我嗎？

不管是便便還是產卵，都是這樣哦！

噗噗噗

噗噗噗

體操彩帶的高手
管鼻鯙（五彩鰻）

完全是彩帶國手的架勢！

流暢

輕巧

第一印象

因為長得像彩帶一樣，所以英文名字叫做『Ribbon eel』，在某些地方也被稱為**彩帶鰻**。

哇！到底有多長啊？

扭來

我不是鰻魚，我是裸胸鯙的一種！

扭去

長長的身體就像**體操選手揮舞**的彩帶一樣，搖曳生姿讓人著迷！

推薦影片 Q

管鼻鯙和一般鯙科魚類一樣，**吻部尖銳**發達，向外突出。**鼻孔寬**似花瓣，**向兩旁展開**，**下巴**則有類似鬍子的觸鬚。

移動時扭動的身體讓人聯想到龍！

很像吧？

像我嗎？

像龍嗎？

看我全身都是帥氣迷人藍！！

這是在跟我告白嗎？！

管鼻鯙的**背鰭通常帶有黃色**，身體的顏色依個體而不同，有黑色、藍色、黃色…等。牠們的顏色依性轉變而變異：幼魚全體黑色、雄魚除了吻部及部份下頜為黃色外，其餘為藍色；轉變為雌魚時，全身會變成黃色！

分類 鯙科
尺寸 最長120cm
食物 小魚及小蝦類
棲息位置 印度洋、太平洋
特徵 夜行性、長長的身體

管鼻鯙的身長可不是普通的長！
這麼長的身體究竟是怎麼移動和獵食的呢？
擁有三種顏色的管鼻鯙，現在就告訴你牠的祕密吧！

Let's～go！

雖然裸胸鯙以凶狠為名，但管鼻鯙
的**個性謹慎膽小**，所以喜歡躲在岩
石縫隙等可以藏身的狹窄地點。

嚇人家一跳！！！

反差魅力

膽小成這樣，丟盡
鯙科的臉啊！

噴 噴

我們原本是
要透過鰓蓋才有
辦法從水裡吸進
氧氣，把不需要
的水排出去

但是因為我們沒有**鰓蓋**，
為了呼吸只能一直張著嘴巴。

管鼻鯙是靠捕食小魚和小蝦生存的！
牠們會躲在石頭縫隙，把頭伸出來等待合適的獵物經過，
再用尖銳的長下顎咬住獵物享用。
不過牠們狩獵的成功率並不是很高。

管鼻鯙就是～
有著色澤美麗、柔軟性
十足的身軀！甚至擁有
可以隨著成長階段改變
顏色和性別的能力！

被牠抓到就太
笨了吧！科科

掰！

撲空

真慘

唉！今天又失敗了，
下次一定要成功 T^T

37

我想要新鮮的食物！

管鼻鯙的長度很長，所以要準備很大的水族箱才行。因為牠們喜歡躲起來，所以我放了好幾塊石頭和幾根塑膠管給牠們。

新家具來啦～～

輕快腳步～

有藏身之處，你才能放鬆休息對吧？

怕管鼻鯙肚子餓，我還準備了一些食物！我把冰箱裡的魷魚和冷凍蝦切成小塊放進去，但牠卻絲毫不為所動…

我不吃！

拜託你吃一口看看嘛

最後，管鼻鯙餓了好幾天…我為了儘量營造出野生氛圍，決定放活餌進去。沒想到！小魚一從管鼻鯙面前游過去，這傢伙立刻迅速咬住吃下！

咬住

啊！原來你就是只想吃新鮮的食物啊～

新鮮的才好吃！！

管鼻鯙的性別轉換術?!

怎麼大家的顏色都一樣？

我們小時候都是黑色的！

管鼻鯙一開始的樣子都是黑色身體搭配黃色背鰭，是生殖功能尚未完全發展的未成熟階段。

繼續看下去你就知道囉！

就這樣跟管鼻鯙度過了一段相安無事的時光，然後某一天，原本黑色的身體突然變成藍色了！據說管鼻鯙的長度達到65 cm以上，身體就會變成藍色，也就是具有生殖功能的雄管鼻鯙了！

什麼時候才能看到雌管鼻鯙呢？

當管鼻鯙長度超過1 m以上的成熟個體時，有一部分會再轉成黃色，成為具有生殖功能的雌管鼻鯙。不過雌性的壽命較短，大概只有一個月左右。

你怎麼還沒變身呢？？

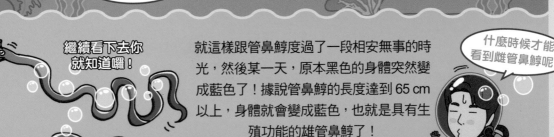

我是成熟的女性！

你問我？我問天？

39

拳擊之蟹
花紋細螯蟹（拳擊蟹）

第一印象

跟一般螃蟹一樣，
我也有四對步足和一對螯足。
但是我的步足比較長喔～

我可是美人腿呢！

都給你贏就好

修～長

One-Two～
One-Two～

咻！

咻！

身上白色粉色相間，
交錯著黑色條紋。

我兩隻手上
舉著的是彩球？
還是雞毛撢子？
這一團毛毛的東西
其實是活著的海葵哦！
嚇了一跳吧？

雖然我的名字叫
「花紋細螯蟹」，
但因為動作
很像拳擊手，
又被叫做
『拳擊手蟹』。

推薦影片 Q

我跟海葵
是共生
關係喔

別因為我
體型小巧迷你，
就以為我還沒長大哦！
完全長大後
也只有3cm左右。

揍

揍

怎樣？覺得
我好欺負嗎？！

口部

我的笑
不是笑♫

分類 扇蟹科
尺寸 約2.5cm
食物 雜食性
棲息位置 印度洋、太平洋
特徵 夜行性，會舉著
海葵移動

嘴巴周圍的花紋讓我看起來總是在笑，
其實我真正的嘴巴在花紋下面！

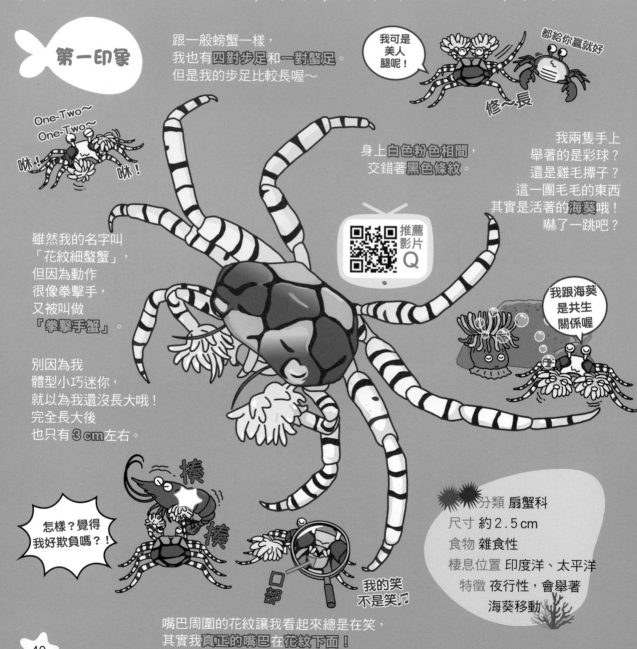

體型嬌小迷你，總是帶著微笑的花紋細螯蟹！
但牠為什麼兩隻手一直舉著海葵不肯放下來呢？

Let's～go！

我有毒！
不要靠近我！
你也有毒？

當然！

花紋細螯蟹除了**身體小**、**力氣小**之外，
連**螯足都非常小**，
所以需要一個可以自我武裝的武器。

反差魅力

因此牠便舉著**有毒的海葵**移動，
藉此阻擋天敵接近。

要是天敵出現，花紋細螯蟹就會把兩手
舉得高高地揮舞著海葵，
或者像打拳擊般交互伸出螯足，
威脅對方不能靠近。高舉雙手的動作看起來就像啦啦隊一
樣，所以牠又被稱為『啦啦隊蟹』；近似揮拳的動作也讓
牠有了『拳擊蟹』的別名。

加油～

加油～
蟹蟹！

ID：啦啦隊長

ID：拳擊手

來啊！擂台
上見！

咻　　咻

沾吃最地
道啦！

掃吃才是
正統啦！

而且，牠們會用海葵像掃把
一樣把食物碎片掃起來吃，
或者用海葵的觸手沾上食物享用。

花紋細螯蟹就是～
雖然弱小，卻利用**海葵**設
計出絕妙**生存戰略**的智慧
型生物！

花紋細螯蟹不管
是吃飯或睡覺，
都絕不會把海葵放下來。
唯獨在**脫殼**的時候，
才會暫時放下來，
等新殼變硬後會再重拾海葵唷！

要逃趁現在！
快溜啊！

你們…所謂
真心換絕情
（ㄒㄟˊㄒ）

傷心

41

不省人事的花紋細螯蟹！

跟小丑魚們好好相處吧～

嗨！很高興認識你～

因為花紋細螯蟹身形非常小，
也能養在很小的海水缸裡，
所以我把牠們放進已經
養了兩隻小丑魚的水族箱中。

那個…同學？

敲敲

花紋細螯蟹是夜行性動物，再加上個性謹慎，所以一進缸裡馬上就躲進了石頭縫隙，遲遲不肯現身。

只會偶爾出來隨便吃個東西，然後又再躲了回去。

咻咻咻

我就是神不知鬼不覺！

接著過了幾
天，我在缸裡
發現不省人
事、倒在地上
的花紋細螯！

呃啊！
死掉了嗎？
怎麼回事？

居然還不忘帶走海葵呢！科科

嘿嘿，那是當然！

以為牠死掉了拿出來一看，原來那是花紋細螯蟹為了長得更大脫下來的「殼」啊！

如果牠的海葵不見的話？

我想知道真相！
—花紋細螯蟹與海葵篇—

推薦影片 Q

要是花紋細螯蟹舉著的海葵少了一邊，牠究竟會有什麼反應呢？

我嘗試把花紋細螯蟹一邊的海葵暫時拿下來！

絕對不給你！你這個強盜！

這人怎麼這樣啦_T__T

光溜溜

怕

少了一邊的海葵，花紋細螯蟹看起來非常不安。

3天後

3天之後發生了一件驚人的事！到底怎麼了呢！？

海葵竟然重新變回一對了！
因為海葵可以自行分裂繁殖成兩個個體，
花紋細螯蟹利用了這點，把剩下的一個海葵拆成了兩個，
裝回自己的熬足上。而被撕開的海葵會再長成原本的大小。

我可是最專情的…只愛海葵！

算你聰明！

這邊用說！

花紋細螯蟹的單相思！？

雖然花紋細螯蟹和海葵是共生關係，但也有人認為牠們兩者的關係是…只有花紋細螯蟹單方獲利的「片利共生關係」。

活的鯛魚燒
松毬魚（刺毬）

 第一印象

好像喔！

  鳳梨 松果 鯛魚燒

你說我很像活的鯛魚燒？
因為我長得像鳳梨和松果，
所以有些國家又叫我
鳳梨魚（Pineapple fish）
或**松毬魚（Pinecone fish）**。

此外更有個別名叫**鐵甲魚**，正因為外表好像穿著堅硬的鐵衣一樣。

 登登！我就是鐵甲魚啦！

推薦
影片
Q

我透明的額頭很酷吧～

彷彿鐵甲般的堅固外殼是一種叫做『**骨板**』的堅硬魚鱗喔！鱗片之間有著**黑色的邊線**，看起來更強了吧！

我的**額頭**是**透明**的，裡頭看得一清二楚。雖然顏色透明，看起來感覺軟軟的，但其實非常堅硬哦！

 呀！

有了鐵甲防禦，武器也得準備吧？我的武器就是背鰭和腹鰭的**尖銳稜脊**！

你這防禦率爆錶了吧？！

還有呢！我的每片魚鱗上面都有一根**小尖刺**！

分類 松球魚科
尺寸 最大17 cm
食物 小蝦等小型甲殼類生物
棲息位置 印度至西太平洋
特徵 深海魚、夜行性、鐵甲般的堅硬身軀

漂亮的黃色身體上，有著彷彿麥克筆畫出來的黑線！
甚至還有鐵甲般的堅硬魚鱗！
把不可思議齊聚一身的松毬魚，到底還會給我們多少驚喜呢？

Let's～go！

松毬魚是能生存在水深200 m深海的深海魚，
覆蓋全身的堅硬體殼可以防禦天敵，
也讓牠能忍受深海的巨大水壓。

反差魅力

張嘴！

魚鱗跟
鐵甲一樣啊！

想清楚
再吃我喔！

悠悠～
哉哉～

慢吞吞

輕輕

擺動

因為身體像鐵甲般僵硬，
只有尾鰭勉強能柔軟地擺動，
所以松毬魚游泳的速度非常慢。

下巴有一對發光器，
可以發出微弱的
青白色光芒！

你也會發光！

魚類大部分都有氣球般的魚鰾，
可以幫助牠們調節在水中的沉浮，
不過松毬魚並沒有魚鰾！

松毬魚就是～～
堅硬身軀上搭載著閃光
和尖刺，彷彿玩具般的
魚兒！

你那透明額頭有魚
鰾功能！？

真假？

太神奇了！

目前推測
牠額頭裡的
空間能發揮
魚鰾的功能。

天上天下，唯我獨尊

唉，每天都要給我惹事！

嘩啦啦

我的尖刺厲害吧！

今天的生圖，一心想著可以看到珍稀魚類，抱著滿滿期待打開塑膠袋！結果袋子裡的水都流出來了！原來是全身充滿尖刺的松毬魚把塑膠袋都刺穿了啦！

把牠放進魚缸前我偷偷摸了一下，想知道牠鐵甲般的身體到底有多堅硬。結果這傢伙居然把刺都豎了起來想威脅我！直直豎起的尖刺非常有力，就算用人類的力氣也幾乎壓不回去！

不要碰我！

畏畏

縮縮

絕對是放空大賽的冠軍

哉哉

悠悠

睡著了嗎…？

順利把松毬魚放進準備好的水族箱了！不過一小時、兩小時過去，牠完全沒有想要移動的念頭。之後才知道，原來牠們的習性就是這樣靜止不動！真是一個孑然一身的小子，對吧？

自體發光的松毬魚？

很棒 很棒
太～棒了！

松毬魚大人，
讓我們為您
發光吧！

松毬魚是怎麼發出光芒的呢？其實那並非是松毬魚自體發光，而是一群住在牠下顎上的發光細菌，聚在一起所發出來的光。

那這個光又有什麼用途呢？松毬魚利用光芒吸引獵物靠近，再「呼嚕」一口吃進肚裡。

通往地獄之路

快來啊！

閃閃

發亮

唯，一閃一閃亮晶晶！

松毬魚可以摩擦牠尖刺狀的腹鰭稜脊發出聲音。雖然牠幾乎沒有天敵，但感受到威脅的時候就會發出這種聲音，嘗試趕走敵人。

嘎吱

你！不要靠近我！

嘎吱

被發現了！

外表可愛卻是肉食動物
海葵

第一印象

我像植物一樣附著在海裡的石頭縫隙間生活，覺得很好奇吧？光看我的外表很多人都以為我是植物，但其實我可是會移動的肉食性動物哦！

推薦影片 Q

冒汗

海葵是葷食主義，吃肉的！

真的嗎？原來海葵不吃素？！

嘖嘖
有什麼好大驚小怪

圓筒狀的身體裡聚集了數十隻纖長的觸手，底部稱作『足盤』，可以吸附在岩石或地面，也可用來移動。

足盤 →

別看我這樣，力氣可是很大的！

海葵的種類繁多，從觸手形狀像水滴一般的奶嘴海葵，到有著地毯短毛般短短觸手的地毯海葵，應有盡有。顏色也有紅、綠、白、粉紅…等等，相當華麗！

形形色色海葵觀察大會

我的嘴巴圓圓的，藏在身體的正中央！跟你說哦，我沒有肛門，所以吃完東西之後，會再把不要的殘渣從嘴裡吐出來！哈哈哈

伸縮

自如

嘿！

那你就是用嘴吃飯，再用嘴上廁所啊？

噗咻

嘿嘿

嘔！

我可以依據情況自由自在地改變身體形狀和大小。平常是把觸手伸展開來，察覺到危險的時候，就會把觸手通通縮起來！

分類 海葵目
尺寸 5 mm～70 cm
食物 肉食性
棲息位置 全球海域
特徵 肉食性動物

看起來像植物一樣的海葵，也有反差萌哦！
讓我們一起來了解肉食性的海葵，
究竟是怎麼獵食、用什麼方式生活的吧！

Let's~go！

好耶！
抓到你了！

海葵的狩獵方式

海葵會伸長地纖細的觸手，
等待獵物來到身邊。
觸手上有著大量的刺絲胞，
刺絲胞有毒而且帶有黏液，
只要小魚擦身而過，就會被捕獲。

反差魅力

等到觸手捉住小魚後，
海葵就會張大嘴巴將獵物吞進口中，
再花上幾天把慢慢消化，
消化後的殘渣再從口中吐出。

啊，從嘴巴便便這種事，不管
看幾次都適應不了啊…

幾天後

細嚼　慢嚥　吐吐吐

我的大小是依
照心情決定的！

縮起來

海葵可以依據心情和環境自由自在變換身體的大小，
觸手也可以忽長忽短、變細或變粗，
可以隨心所欲變化。

嘖嘖！笨蛋，
不知道海葵有毒嗎？

海葵就是～

種類繁多，生存方式也
很特別，充滿魅力的小
東西！

和海葵共生的生物中，
最有名的莫過於〈海底總動員〉的主角尼莫，
也就是海葵魚亞科的魚了。
牠們皮膚上的黏液可以阻擋海葵的毒性，
因此能夠躲在海葵中生活。

呵呵呵

滑進　滑出

這傢伙不會
中我的毒！

海中的華麗花朵

妳就跟海葵一樣

我也這麼覺得！

說你像海葵，可不是在罵人哦！

全世界棲息著約1,000多種海葵，
牠們的大小、外型都很不一樣，
是那麼的五彩繽紛、華麗又炫目！
雖然在韓國開玩笑罵人，
常常會說「笨蛋白癡海參海菠蘿海葵」，
但把海葵放在這串名單裡有點不尊重，
因為牠太美了！

呼～托你們的福！謝啦！

彼此彼此！

海葵會行光合作用

海葵也能夠透過光合作用獲取養分。
光合作用是植物透過光線獲得能量的過程，
那麼身為動物的海葵為什麼可以行光合作用呢？
其實是共生在海葵上的藻類，
透過光合作用得到養分之後，再把養分傳給了海葵。
多虧有它們，海葵才不會輕易餓死哦！

海葵的毒性大部分都不至於強到能穿過人體皮膚，
所以對人沒有很大的威脅。
不過依種類不同，
也有毒性很強的海葵，
還是不要隨意觸碰哦！

啊！感覺不太妙耶…

刺痛！

一人分飾多角？！

海葵可以藉由產卵繁殖，
也能自行分裂出
完全一樣的全新個體。
把海葵切成相等的兩半，
這兩邊都會透過細胞分裂修復自己，
最後變成兩株海葵。

兩株變成四株了耶！

竟然有這種事！

海葵可以吃嗎？

雖然大部分的海葵都不能吃，
但某些種類則是能夠食用的。
據說西班牙和義大利人也會炸海葵來吃；
而韓國也會把海葵做成
「海葵辣海鮮湯」之類的料理。

隨便亂吃海葵
可是很危險的，
野生海葵就絕對
不要吃哦！

到底是什麼
味道呢？

海鮮湯

海葵　海鮮

飼養海葵時要注意！

很多人會把海葵和
海葵魚亞科的魚一起飼養，
這時千萬要注意不能讓海葵
被水族箱裡的馬達吸進去！
萬一海葵被馬達絞碎，
體內的毒素擴散到水中，
很可能會讓缸裡的魚全都死光光哦！

吸吸吸

求救！
快來人啊

呃啊!!

五花八門，軟綿綿的裸鰓目
海蛞蝓

第一印象 裸鰓目生物又常被稱為 **海蛞蝓**，意思就是住在海裡的蛞蝓～我長得跟住在草叢裡的蛞蝓很像，不過花紋和顏色可是華麗許多！

我背上看起來像花束的東西
其實是我的 **鰓**，很驚人吧！
平常雖然是突起的，
但感受到威脅時可以迅速藏起來哦！

看起來像華麗版果凍的東西，原來是蛞蝓？

有危險

縮～

依種類不同，
也有 **整個背部都被鰓覆蓋** 的造型哦！

鰓富自由啦～

雖然我沒有肉眼可見的腳，
但可以透過 **腹足肌肉** 爬行。

為了保護自己柔軟的身體，
大部分的軟體動物都具有堅硬的外殼。
但我沒有殼，
外表看起來就像裸體一樣，
所以我的英文名字
才會叫做
『Nudibranch』！

我就是光溜溜！自由的靈魂～

緩慢蠕動

我的 **口腔** 在底部，
跟一般蛞蝓的嘴幾乎長得一樣。
我會用幹練的嘴巴啃
食珊瑚等 **刺胞動物**，
或長得像洗碗菜瓜布的 **海綿動物**。

分類 裸鰓目
尺寸 4 mm～60 cm
食物 肉食性
棲息位置 刺胞動物、海綿動物等棲息位置 全球海域
特徵 沒有外殼、裸露的鰓

紅、橙、黃、綠、藍、靛、紫！
有著各式各樣美麗型態的海蛞蝓！
裸鰓目們究竟有著什麼魅力呢？

全世界大約生活著3,000多種
裸鰓目生物。因為種類繁多，
外型、花紋、色澤也都很繽紛
且神祕。

反差魅力

誰最
漂亮啊～

哇！各有各的
美呢！

你整個背
都是鰓啊？

你的鰓在
屁股上？科科

裸鰓目屬於後鰓類，
所謂「後鰓」是指鰓的位置比心臟還後面。
雖然我們鰓的位置或外型依種類而有所不同，
但大致可以分成長得像花束、
位置在屁股豎起和整個背部都被鰓覆蓋
…等幾種類型。

裸鰓目生物的外表下藏著兩個生存戰略！
一個是可以偽裝成珊瑚或海藻，
用以躲避天敵的耳目；
另一個是華麗的色彩和花紋有嚇阻對手的效果！

裸鰓目啊，
原來是計畫
通啊…

當然！

毒+1

美麗又危險
的吸引力

海蛞蝓就是～
擁有驚人的多樣性和華
麗外表的裸鰓目生物！
但要小心藏在牠美麗背
後的毒性哦！

某些種類的裸鰓目會
啃食有毒的刺胞動物做為自我防禦的武器。
例如大西洋海神海蛞蝓會捕食劇毒的僧帽水母，
藉此獲得毒素。

哎呀～
好痛

大西洋海神
海蛞蝓

僧帽水母

53

幫海蛞蝓孵卵？

去水族店的時候發現了海蛞蝓的蹤影～！
跟牠面對面的瞬間我就一見鍾情了，
於是決定把牠帶回家飼養。

海蛞蝓～跟我回家吧！

被我的美貌吸引了嗎？

發什麼呆？我卵都產好了

把牠放進缸裡開始了我的觀察，聽說海蛞蝓動作很慢，
還真是很慢啊～就在觀察著牠慢吞吞動作的某一天，
海蛞蝓在石頭上產下了彎彎曲曲的卵！
我開心地卯足全力做功課想嘗試把卵孵化，
但可惜的是幫牠孵卵這件事，實在太困難了，
沒辦法在家裡完成…

抱歉…真的太困難了…

海蛞蝓其實是知名動畫主角？

因為海蛞蝓有著獨特而多變的外型，所以牠也是知
名動畫《精靈寶可夢》裡的角色原型之一哦！據說
寶可夢的海兔獸就是參考海蛞蝓而創造出來的角
色。而且也有因為長得像皮卡丘而變得超有名的海
蛞蝓哦！

你皮卡丘…？

你海兔獸…？

無法區分爸爸媽媽?!

裸鰓目生物其實雌雄難辨?!

其實裸鰓目生物的身體上同時存在雌性和雄性，也就是所謂的「雌雄同體」。雖然身上同時有雌性與雄性特徵，但為了繁殖，交配時還是需要兩隻才行，是一種非常神祕的生物。

你到底是爸爸還是媽媽啊？

是你爸也是你媽！

結束交配之後，裸鰓目會緊貼著石頭或珊瑚產卵，卵看起就像彎彎曲曲的麵條一樣。只要仔細觀察，就會發現那是數萬顆卵聚集起來的樣子。

看起來好像麵條哦？想吃！

沒禮貌！是我的蛋啦！

另一方面，因為有著極其多變的外貌和華麗外型，裸鰓目生物也非常受到水下攝影師們的歡迎。

可以比個手指愛心嗎？

下一個換我了～

喀嚓

喀嚓

簑鮋（ーヌˊ）（獅子魚）

第一印象

簑鮋這個名字，總覺得好像會射出什麼東西，有點可怕的感覺？
你確實應該留意，因為牠的背鰭上可是長著厲害的**毒刺**哦！

都說有毒了還碰？

So…
Sorry…

我那充滿視覺震撼的
背鰭也讓人聯想到獅子，
所以有些地方會叫我
獅子魚（Lionfish）。

我的背鰭上
有著11～13根
被稱為硬棘的
堅硬毒刺，
這些刺上有著**毒腺**，
生物一旦被刺到
便會感受到劇痛。

因為全身的
花紋看起來也有
點像斑馬，
所以也有人稱呼我為
斑馬簑鮋。

背鰭很像
獅子的鬃毛

全身的花紋
像斑馬

我是會抓活魚來吃的**肉食性
魚類**。我有一張大大的嘴，
可以一口氣吞下獵物哦！

嗯，這次要
來刺誰呢！

抖
抖
抖

我的額頭上有
兩根**長長的觸鬚**，
嘴巴周圍則長著**短觸鬚**，
看起來也有點像**怪物**吧？

分類 **鮋科**
尺寸 **15～40 cm**
食物 **小型魚類與甲殼類**
棲息位置 **西太平洋、印度洋**
特徵 **具有毒刺的背鰭**

救
命

想轉頭
逃跑嗎？

有著像雄獅鬃毛般華麗背鰭的獅子魚，
究竟在生態上有哪些特徵呢？

Let's～go！

全世界棲息著**十幾種以上**的獅子魚，
台灣沿海也有魔鬼簑鮋、
觸角簑鮋…等數種不同的獅子魚。

魔鬼簑鮋

這個叫
魔鬼簑鮋！

分不清

這邊是
觸角簑鮋！

反差魅力

觸角簑鮋

反了啦！
笨蛋，呵呵

獅子魚的毒性到底有多強呢？
獅子魚背鰭上的毒棘有著**劇毒的毒腺**，
如果人類被它刺到，除了非常痛之外，
還可能伴隨有嘔吐、暈眩、呼吸困難、昏迷…等症狀。

把被刺傷的部位浸
泡在溫水中，有稍
微鎮靜的效果哦！

獅子魚擁有尖銳的毒棘，要說牠的天敵，大概只有鯊魚勉強算
得上吧！但據說鯊魚也不愛捕食獅子魚，因為那些刺真的太討
人厭了。

停住

你會後悔哦！

獅子魚是用**巨大的魚鰭**來捕食獵物的。
只要獵物出現，牠就會把龐大的胸鰭張到最開，
接著把獵物們趕到角落之後，
再張開牠的大嘴
吸入獵物，一口吞下。

大口吸～

簑鮋就是～
果然越華麗的生物越要
小心牠的毒啊！

我吸力
超強！

不挑食的好孩子！

怕了吧！
手抖成這樣！

把獅子魚帶回家之後，
我一邊害怕被牠背鰭
的毒刺刺到、一邊小心翼翼
地把牠放進了水族箱。

可怕的
吃相！

猛吞

獅子魚是肉食性的，
所以我一開始就放了活餌進去。
當獵物出現在眼前，
牠立刻就展開背鰭把魚趕到角落，
接著用大大的嘴巴瞬間把活餌吞了下去。

只能遠觀…但
我的手好癢
啊啊啊！

我很毒，千萬
別摸喔！

一開始只吃活餌的獅子魚
在適應魚缸生活之後，
也開始會吃冷凍海鮮了。
而且現在還很願意吃魚飼料哦！
胃口變得越來越好、越來越健康了！

是令人頭痛的外來種

北美大西洋原本並沒有獅子魚，
但1992年的一場颶風導致
某個水族館遭到損壞，
使得幾隻獅子魚流入海中，
牠們便開始自行繁殖。
再加上還有個人飼養
的獅子魚不停繁殖，
於是獅子魚的數量便以倍數增長著。

颶風

投奔自由啦！

而北美地區也沒有獅子魚的天敵，
導致牠們的數量大爆發，
於是獅子魚就開始恣意捕食各種海洋生物，
導致海洋生態體系遭到破壞。
最近還召開了消滅獅子魚的決策大會。

WANTED

eat more
lion fish

為了解決獅子魚問題，
甚至開發出捕魚機器人，
大家可以感受到獅子魚造成
的困擾究竟有多嚴重吧！

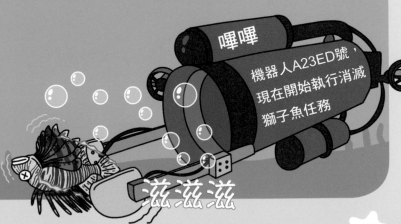

嗶嗶

機器人A23ED號，
現在開始執行消滅
獅子魚任務

什…
什麼!?

滋滋滋

59

偽裝達人
裝飾蟹（偽裝蟹）

第一印象

看起來就像一般螃蟹一樣，你問我特別在哪裡？

我螃蟹！但我不是普通螃蟹，謝謝！

我和一般的螃蟹一樣，有**四對步足和一對螯足**，我的長相可能會讓你想到松葉蟹吧？或者也有點像有毒的捕鳥蛛就是了～

其中當然也有**短腿**的種類。

我會把四周的東西貼在身上作為偽裝，所以也有人叫我**偽裝蟹／裝飾蟹**哦！

我腿很短！

不能跳螃蟹舞了T^T

聖誕節限定款哦

這次就用**海草**來裝飾身體吧？

其實要看清楚我的樣貌是很不容易的！我會把身體貼在華麗的珊瑚礁上，甚至還會用垃圾偽裝自己，所以我的**外貌會根據環境不同而變化**！

很像真的海草吧？

分類　尖頭蟹科
尺寸　3～10 cm
食物　雜食性
棲息位置　紅海、西太平洋、印度洋等
特徵　使用東西偽裝自己

總是用千奇百怪的東西裝飾身體的裝飾蟹！
來一起看看牠們的外型有多少變化，
還有牠們是怎麼打扮自己的！

Let's～go！

全世界棲息著許多種類的裝飾蟹，
既然種類繁多，長相也自然非常多變。
依牠們貼在身上的東西不同，
外表也會變得截然不同。

你眼光真好～

路上撿到的，
送妳！

反差魅力

只要找到心儀的東西，
裝飾蟹就會把它黏在身上各處，
因為身上有許多**鉤狀剛毛**，
所以很輕易就能固定住配件。

這就是我的
接著劑啦！

竟然還有
海葵或海膽！

今天走龐克搖滾風！

裝飾蟹最喜歡的裝扮物件就是**珊瑚**了！
牠們會用蟹鉗把珊瑚剪碎，
黏在身上讓自己看起來真的就跟珊瑚礁一樣，
任誰都分不出來！有時候牠們也會戴上
海葵或海膽行動，藉此躲避天敵。

放上海膽的
裝飾蟹

放上海葵的
裝飾蟹

裝飾蟹就是～

全都拿來，我通通戴上！
引領海中時尚風潮的
時尚蟹蟹！

跟大部分螃蟹一樣，
裝飾蟹的**視力**也很差，
所以主要是利用**嗅覺**和**觸覺**
來尋找獵物。

這是什麼
觸感？

啾一

嗅嗅

摸摸

什麼都往身上黏的傢伙！

和裝飾蟹的初次見面

我發現了長得跟珊瑚一樣的神奇螃蟹，
聽說牠是把水族箱裡的珊瑚黏在
自己身上用來偽裝的。因為太不可思議了，
我當場就決定要把牠帶回家養。

裝飾蟹，
投入水中～

撲通

滿心期待，開始觀察囉！

把牠放進水族箱後，提供了一些
可以裝飾身體的材料，
果然裝飾蟹毫不猶豫地馬上開始打扮自己了！

先塗上嘴裡
分泌的黏液～

吐～

像這樣啷、搓、
貼，完成！

到了隔天！

原本放在水族箱裡的珊瑚不見了！
珊瑚消失去哪了呢？
一找之下才發現被滿滿貼在裝飾蟹身上
啦！據說這小傢伙最喜歡偽裝成
活著的珊瑚了。

珊瑚跑
哪去了？

在這裡啦

垃圾裝飾蟹 😭

因為海洋垃圾問題日益嚴重，據說也有越來越多裝飾蟹身上黏著垃圾走來走去！如果裝飾蟹被垃圾包覆全身，那不就成了垃圾裝飾蟹嗎？

只有我覺得這些配件怪怪的嗎？

ID：垃圾裝飾蟹①

這些都是人類造成的嗎？

ID：垃圾裝飾蟹②

還有點味道呢…

裝飾蟹會用跟周遭環境相近的東西裝飾自己，
要是牠們選擇了垃圾，也就表示牠們身處的環境充滿了垃圾。
為了見到用漂亮珊瑚裝飾自己的裝飾蟹，
人類更應該設法減少海洋垃圾，對吧？

神啊！請給我美美的珊瑚當飾品吧！

韓國也有裝飾蟹哦！

韓國棲息著一種叫做「四齒磯蟹」的裝飾蟹！
四齒磯蟹也一樣會用身上的
鉤狀毛黏住四周的東西，用來偽裝自己。

知名度超高的卡通主角
小丑魚（尼莫）

第一印象

完全一模一樣！

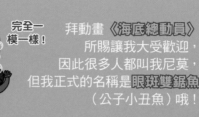

真的好像從動畫裡跳出來的喔！

拜動畫〈海底總動員〉所賜讓我大受歡迎，因此很多人都叫我尼莫，但我正式的名稱是眼斑雙鋸魚（公子小丑魚）哦！

推薦影片 Q

尼莫本魚和我的外型相似程度達到99%！看這亮麗的顏色和花紋！真的很像活生生從動畫裡游出來的吧？

我整個身體都是橘黃色的，上面有鮮明的3條白色寬帶，而花紋的邊界則有著黑色邊線！

海葵是我們的靈魂伴侶～

我們平常是生活在海葵觸手裡面，很難看到我們離開海葵單獨行動的樣子！

哇，好可愛！

我簡直可愛得要命！♪

光從外表很難判斷公母，但一般魚群中體型最大的會是雌魚，其他的都是雄魚。

整個體型和魚鰭都圓圓的，加上好看的顏色和花紋，是不是超級可愛？

一個口令一個動作

Yes Sir

分類 海葵魚亞科
尺寸 3～15 cm
食物 浮游生物與小型甲殼類、海藻類
棲息位置 熱帶、亞熱帶海域
特徵 與海葵共生

「尼莫」這個名字對我們而言，比牠的本名「眼斑雙鋸魚」
還要更熟悉！來看看海葵魚亞科還有哪幾種小丑魚吧！

Let's～go！

全世界海葵魚亞科的
小丑魚們目前大約有**30幾種**。
每一種的花紋、外型和大小
都稍有不同。不過或許是因為動畫，
人們很常把牠們通通都統稱為『**尼莫**』。

這裡也有
尼莫耶！

反差魅力

尼莫在
這啦！

你抓不
到我～

力凵せ～

給我記住！

小丑魚是**和海葵共生**的生物。
不過為什麼小丑魚不會被有毒的海葵刺傷呢？
因為小丑魚的皮膚會分泌黏液，
形成能防禦海葵毒液的**保護膜**，
所以牠們才能藏身在海葵之中，藉此保護自己。

小丑魚利用海葵當庇護，
海葵則利用小丑魚吸引獵物前來，
而小丑魚還會經常替海葵咬食物回來哦！

海葵～
救救我！

OK！

小丑魚就是～
從動畫中游出來
的海葵情人！

從現在起
要改叫我姐
姐了！

大哥！

群體中體型最大的是**雌魚**，
但萬一這隻雌魚死去，
雄魚之中體型最大的
會**轉換性別**變成雌魚，
才能繼續繁衍下去。

輩份關係明確，逾矩禁止！

每天都萌得我受不了

可愛到歪掉～

初次見到小丑魚的那天，我就深深地被牠獨特又可愛的樣子所吸引！

因為小丑魚非常喜歡海葵，所以我也一起把漂亮的海葵帶回家了。

可能一開始還有點陌生，小丑魚沒有接近海葵，但等到變熟之後，牠們就不願意離開海葵的懷抱了。

生性內向

嗨…

哈囉～

但跟牠們可愛的外表有點不一樣的是，小丑魚其實是地域競爭比較嚴重的魚類。如果養了兩隻體型差不多的小丑魚，牠們很可能會爭鬥到只剩下一隻為止。所以一開始就得養幾隻體型不同的小丑魚，幫牠們把輩份明確劃分出來。

一次就要排好輩份

你全家都小隻啦！

你們都比我小啦！

走開

你比我小隻！

是……

擁有不同美貌的小丑魚

來看看最具代表性的小丑魚有哪些種類吧？

我有戴髮帶哦！

白條雙鋸魚（紅小丑魚）

這傢伙跟眼斑雙鋸魚（公子小丑魚）
比起來體型大上許多，全身帶著鮮豔的紅色，
最大的特徵就是白色條紋只在頭部附近！

金透紅小丑魚

雖然整體外型跟一般小丑魚很相近，
但體型還是比較大，也有著鮮紅的色澤！
跟公子小丑魚一樣有3條寬帶，
但紋路帶著金黃色澤就是牠的特徵哦！

我的寬帶閃著
金黃色光澤，
記得哦！

克氏雙鋸魚（雙帶小丑魚）

這隻小丑魚身上帶著明亮的黃色，有三條白色的
寬帶。而隨著年齡長大，身體會逐漸變黑！台灣
部份海域也有克氏雙鋸魚的棲息地哦。

看不出來嗎？

你是
雙鋸魚？

透明軟嫩的大海果凍
海月水母

第一印象

你以為水母是讓人害怕的恐怖角色？
看到我可愛的樣子，
應該會讓你改觀哦！

看見我就跑，
太傷人了吧…

推薦影片 Q

嗨！我叫做**海月水母**，
在台灣西部沿岸及內灣區域
也可以經常見到！
我圓圓胖胖的樣子很像滿月吧！

身體中央可以清楚看到
4個被稱為**生殖腺**的圓型器官，
渾圓的身體邊緣還有
無數細線般的觸手，
觸手上是**有毒的刺絲胞**。

我的身體整體是
透明的圓形，
而且有4個像手腕
一樣的器官被稱作
『**口腕**』，
它們就是我的嘴巴！
我會用這些口腕捕食獵物。

嘿！

我的身體有**95%**
以上由**水分**組成！
所以才軟呼呼的，
很容易受傷。

是果凍名
店耶！

QQ
ㄉㄨㄞ

我不是故意的

小心點，
我是易碎
體質！

我的身體很軟很嫩，
簡直就跟果凍一樣！
所以外國人才會叫我『Jellyfish』啊。

分類 羊鬚水母科
尺寸 最大50cm
食物 浮游生物
棲息位置 全球海域
特徵 4個明顯的生殖腺，
毒性很弱

透明又軟呼呼的神祕動物—水母！
據說牠們的生活也和長相一樣特別呢～
來一起看看到底有多獨特吧！

全世界有超過**3,000多種**水母，
每種水母的**毒性依種類不同**
有很大的差距。有些水母有著足以
致人於死地的劇毒，例如箱型水母，
但也有毒性微弱，甚至是幾乎沒有毒性、
對人類很友善的水母！

我是無毒的 T^T

反差魅力

哎呀！

海月水母的**毒性很弱**，所以不用太害怕！但是皮膚
敏感的小朋友摸了可能會感到刺痛，所以還是**不要
觸摸哦**！（打勾勾）

**就跟你說
不要摸了！**

大部分的水母游泳時都會像幫浦一樣收縮身體，**藉此得到
推動向前的力量**，而大量的觸手就能在這過程中捕撈**小型**
的浮游生物享用。

好吃　**好吃**

**誰才是
本尊？**

海月水母就是～
又軟又可愛，有時卻很
可怕的雙面生物！

水母一次會產很多卵，
而卵孵化後會長成
『**水螅體**（polyp）』，
是水母的幼年型態，
這時的水螅體也能
分裂複製成好幾隻個體。

我啊！

我啦！

夢幻迷人的水母燈光秀

在家中飼養水母時，
務必選擇尺寸較小、
毒性弱的水母！
所以我當然挑選海月水母囉！

別誤會，是因為妳的美！

確定不是因為我好欺負？

應該沒有穿幫吧…

我都聽到了

要求還真多啊…

飼養水母一定要用水母專用缸！
因為水母身體很軟又柔弱，
所以需要水流比較弱的水族箱。
而且萬一牠們撞到缸壁，身體可能會裂開，
切記一定要使用圓柱的缸體！

飼養水母最大的亮點就是水族箱中夢幻的照明了！
因為水母的身體是透明的，
所以在光照下看起來就像身體正在發光！
這景象實在太美了，
能讓我一整天都守在水族箱面前！
這就是所謂的
看・水・呆啊（看著水母發呆）！

看得我如痴如醉

觀賞價值很高對吧～

赫赫有名的水母大軍

除了海月水母以外，還有哪幾種最廣為人知的水母呢？

越前水母

是現存世界上體型最大的水母之一，牠們的身體可以長達1 m以上，重量也達到200 kg，雖然越前水母的毒性不至於對人體造成嚴重傷害，但還是務必得非常小心才行。

天哪！

快逃啊！

蠕動

蠕動

Lv. 100
1 m, 200kg

僧帽水母

這種水母有著藍色的身體，身體構造上方有個形狀像水餃的充氣氣囊。在台灣也越來越常看到牠的蹤跡，而且牠還有著劇毒，被刺到的話甚至可能致命，是一種令人畏懼的水母。

赤月水母（海蜇）

水母並不全都是毫無用處的生物！海蜇可以拿來做成涼拌菜、生魚片等料理，是非常優秀的食材。

啊！我們無冤無仇！

無奈

斜眼

刺痛！

請主動與我保持距離！

被水母刺到的話該怎麼辦呢？

絕對不要一直搓揉被刺到的部位，要用食鹽水或海水將傷口儘量洗乾淨，如果很痛的話可以冰敷，並儘快就醫！

頭上有根釣竿的
條紋躄(ㄅ一ˋ)魚
（娃娃魚／五腳虎）

第一印象

你說有一種小生物長得很可愛，
會在海底慢吞吞地爬行？
那就是我啊！

嗯？跑哪兒去了？

躲起來啦！
來找我吧～！

推薦影片Q

爬呀爬呀
往前爬

也有全身
都長滿毛狀突起，
藉此用來偽裝自己的五腳虎。

我的名字「五腳虎」
的由來，是因為我用
魚鰭在海底走的
方式，看起來
就像長了腳一樣。

我跟其他魚
不一樣的地方在於
我沒有鰓蓋！
不過我腋下的孔洞
可以用來排水！

我們大部分
身體偏短、
身高偏高，
胸鰭就像
手臂一樣
伸得長長的。

跟手臂一樣
的胸鰭～

晃來

晃去

我的正字標記和最大的
特徵就是頭上掛著釣竿（吻觸手），
頭上掛著假餌（餌球），
我就是用它吸引獵物上門的。

新鮮活體！
快來吃唷～

分類 躄魚科
尺寸 約10～30 cm
食物 小魚、甲殼類
棲息位置 熱帶、亞熱帶海洋
特徵 頭上掛著釣竿

名字和長相都很奇特的五腳虎！
究竟五腳虎是怎麼利用頭上的釣竿獵食的呢？

仔細看，我是不是
長得很像青蛙？

你說像就像囉！

反差魅力

因為長得像青蛙，
所以五腳虎的英文名字
又叫做「Frogfish」。

看我擺動得如此賣力，
不捧場一下嗎？

我可不會上鉤啊！

釣竿（吻觸手）的尾端掛著可以吸引獵物的
假餌（餌球）。假餌晃來晃去的，
其他小魚就會以為有獵物而嘗試靠近，
然後我就趁機把牠們吞下肚！

五腳虎的胸鰭跟一般魚比起來長很多，
它的用途不是游泳，
而是用來在海底爬行或者緊緊抓住東西。

一步、
兩步！

是手臂也是腳的
神奇魚鰭！

什麼！
吃完了？！

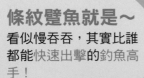

條紋躄魚就是～
看似慢吞吞，其實比誰
都能快速出擊的釣魚高
手！

五腳虎張口吞下小魚的速度，
據說比人類眨眼的速度快上4倍，
所以只有超高速相機才捕捉得到！

天才小釣手的一天

你就是傳說的天才小釣手？

耶嘿！

不釣個幾條看看？

我去住家附近的水族店逛的時候，
發現了這隻又小又特別的五腳虎。
因為很想看看牠是怎麼用頭上釣竿狩獵的，
就把牠帶了回來。

因為五腳虎不太會游泳，
所以很難在水流太強的水族箱中生存。
而且只要是比自己小的魚，牠都會通通吃
掉，所以也不能跟其他魚養在一起。
於是我就為五腳虎單獨準備了一個魚缸！

我為你特別準備了一個缸喔！

單人套房最舒適了！

等五腳虎適應水族箱後，
我放了一隻小魚進去當作活餌。

哇～我一把餌放進去，牠藏在頭上的釣竿就「咚」
地跳了出來，瞬間就把小魚吞下肚了。

哇…居然吃得這麼快！

咻—

嗝！我飽了～

原來五腳虎是這種魚！

牠又跑哪去啦！？

嘿嘿，看清楚點～我在這啊！

五腳虎是偽裝達人？

五腳虎可以模仿四周環境的顏色和型態，
有著非常強大的偽裝技巧。
這對狩獵或躲避天敵而言都是非常有用的能力。

游泳的時候，牠藉由腋下的小孔吸水後再排出，
能像噴射機一樣向前推進。

原來他是這樣游的？

厲害吧

衝衝～

看著五腳虎的長相，有沒有想到誰呢？沒錯！跟鮟鱇魚長得很像吧？
五腳虎和鮟鱇魚的關係，近到幾乎可以說是堂兄弟了呢！

喔～還真有那麼點像耶！

嗨～哩厚啊

這是我堂哥啦～

頂級狙擊手，槍蝦

人小鬼大，藍環章魚

危險的毒針獵手，芋螺

巨大無比的食人蚌，大硨磲（巨硨磲蛤）

住在沿岸淺海的奇妙海洋生物！

頂級狙擊手
槍蝦

 第一印象

我是一隻擁有 **強大武器** 的蝦！

不要動，再靠近我就開槍了！

看看我的 **螯**，兩邊尺寸不一樣對吧？ **比較大的巨螯** 就是我引以為傲的 **槍** 哦！

槍蝦正如其名，可以透過開闔巨螯 發出 **巨大的聲響**，宛如槍聲。

不要隨意亮槍啦！

真是帥斃了！

槍蝦的身體大小雖然依 種類不同有差異， 但基本上跟人的 **手指** 差不多小。

當大螯閉合時，外側的凸起瞬間插入 空穴，可以發出190至210分貝的巨 聲響及衝擊波，**能將獵物立即擊暈 甚至直接擊斃！**

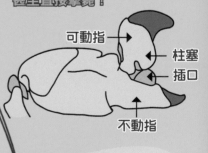

可動指
柱塞
插口
不動指

我總共有10隻腳，不要因為 有一雙腳是大鉗子，就以為 我是螯蝦喔！嚴格來說 我可是 **真蝦** 呢！

你是螯蝦嗎？

不是啦！ 我是真蝦！

分類 槍蝦科
尺寸 約5 cm
食物 小型甲殼類、小魚等
棲息位置 印度洋、太平洋海洋
特徵 製造出聲波

78

海中傳出的槍聲，砰！砰！砰！
槍聲的來源正是槍蝦！到底是牠開了槍，還是發射了掌風呢？
究竟槍蝦為什麼會有這樣的舉動呢？

Let's～go！

哇塞，瞬間溫度居然高達4700°C！

4700°c

反差魅力

公尺／秒：速度單位

槍蝦彈一下巨螯可動指的速度，居然高達**25 m/s**（每秒25公尺）！
壓力也高達**80 kPa**！

千帕：壓力單位

Q：槍蝦到底為什麼要彈牠的巨螯呢？
A：為了捕食獵物，還有跟同伴互相聯繫哦！

只要在獵物面前開一槍空氣彈，強大的力道就足以讓近距離的獵物昏迷或致死呢！

呃！
砰
轟 砰砰

挖
挖

哎呀，太亮了受不了啊！

槍蝦的棲息地

會挖洞居住在潮間帶的海底石頭下的砂礫或泥沙中。在臺灣各地岩礁海岸的潮間帶中偶爾可見。

槍蝦就是～

儘管外表看起來弱小又平凡，卻有著非凡的超能力！

尤其在泥灘特別容易發現槍蝦的蹤跡，只要小心翻開泥灘裡的石頭，牠就會探頭跟你打招呼呢！

看什麼看！

生物界中唯一的聲波獵手

掌風發射，哈！

槍蝦是目前已知地球上，唯一一種會利用聲波捕食獵物的生物。發出聲波壓制對手的樣子，簡直就像在發射龜派氣功一樣！

轟隆

把槍蝦帶回家的第一天，我被牠發出的聲音吵得睡不著覺。

半夢半醒

拜託讓我睡覺吧！

噠 噠 噠

當晚我夢到槍蝦了！夢裡出現了跟人一樣大的槍蝦，實在太可怕了！害我立刻在夢裡舉起雙手大喊投降。

拜…拜託，不…不要開槍…

雙腳　發抖

躍躍欲試

嘿！今晚我先下個馬威，會怕就好！

80

槍蝦的私下生活

跟隨我吧！

全世界大約棲息著600多種的槍蝦，其中一部份是像螞蟻一樣，在蝦后的領導下生活，蝦后底下聚集著數百隻雄蝦共同生活。

準備好上工了嗎？

鰕虎啊，可以幫我把風嗎？

而有些槍蝦也會和鰕虎一起生活。槍蝦為鰕虎準備住處，視力很好的鰕虎則幫忙戒備四周，互相幫助彼此，這種關係就稱為「共生關係」。

知道了！

砰！砰砰！激烈的槍聲

成群槍蝦在水中所發出的聲響，能干擾水下通訊和潛艇等偵查活動。第二次世界大戰時，甚至有潛水艇的聲波探測因為接收到槍蝦的聲音，導致作戰計畫出現阻礙呢！

報告！附近有侵入者！

哪裡？在哪？

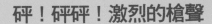

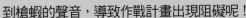

槍蝦

砰
砰

古生代的老祖宗
鸚鵡螺

第一印象

你是外星生物？還是貝類？快秀你的真面目吧！

我的名字有螺，但我可不是螺喔！

看到我兩側的大眼睛了嗎？我的眼睛很特別，沒有水晶體，所以視力非常糟糕。

說來你們可能不信，但我是魷魚和章魚的遠親喔！我叫鸚鵡螺，卻跟牠們是親戚，很奇怪吧？

所以這也是可以用來證明我是遠古生物的證據喔！

長得像鸚鵡的臉上有著數十隻觸鬚，最多高達90根。但跟魷魚、章魚不一樣的地方是觸手上沒有吸盤，因此抓握能力也較弱。

科科科笨蛋

敲敲

哪位？

轉去

轉來

是誰啊？

我的殼跟螺類一樣是螺旋狀的，特色是上面有許多紅褐色斑紋。殼內有許多間隔（殼室），最外層是容納我身體的地方，其他腔室則充滿著許多氣體（多為氮氣），可以用來調節浮力。

內部的樣子

殼室

分類 鸚鵡螺科
尺寸 約20 cm上下
食物 甲殼類、貝類等
棲息位置 印度洋、太平洋
特徵 頭足類、原始生物

在地球上活了超過5億年的鸚鵡螺，太不可思議了！
想不想知道這種神祕生物，究竟是用什麼方式存活至今的呢？

Let's～go！

一般的生物都是身體連著腳對吧？
但是鸚鵡螺、魷魚和小章魚，
則是由頭部直接連到腳，
所以牠們便被稱為「頭足類」。

反差魅力

我是頭足類！

你也是？

我也是耶！

鸚鵡螺的視力非常差，
大概只能區分出光線亮度而已，
所以主要是靠嗅覺來找尋獵物。

聞
聞

好像有獵物
的味道～

看不到我嗎？

腐爛的魚
也很好吃啊！

真的是死
也不能
安息啊！

吃
吃
吃

呼～逃過一劫！

鸚鵡螺是吃什麼的呢？

雖然牠會獵捕蝦、螃蟹…等甲殼類，
不過也會撿死魚之類的腐敗食物來吃。

吃東西的時候會用
臉上的觸鬚抓住食物，
再拉進嘴裡享用。

鸚鵡螺就是～

長得像貝類，卻更接近
魷魚的神祕生物！居然
存活了5億年，真的很厲
害！

休想逃跑！

呃啊！觸鬚的
力量也太大了吧！

83

鸚鵡螺的小知識

鸚鵡螺是怎麼繁殖的呢？

一對成熟的鸚鵡螺相遇、進行交配後，
雌鸚鵡螺會在岩石上產卵，
這些卵需要整整1年的時間才能孵化，
而出生之後的小鸚鵡螺是
吃小型浮游生物長大的。

好想趕快看看
這個世界～

還不出來啊？

（8個月大）

鸚鵡螺是怎麼長出外殼的呢？

鸚鵡螺華麗的外殼跟寄居蟹一樣是撿來的嗎？
答案是X！鸚鵡螺孵化的時候，
其實就已經帶著小小的外殼出生囉！

寄居蟹

我們可是一出生
就有房呢！

傳說中的
人生勝利組！

鸚鵡螺是怎麼游泳的呢？

鸚鵡螺的游泳實力不佳，
就像在水中漂浮一樣。
牠移動時是靠反作用力往前，
看起來就像倒退游一樣！

各位再見～

路上小心！
我就不送了！

啾 啾 啾

左晃 右晃

一起來守護鸚鵡螺！

鸚鵡螺是一種長壽的生物，據說最長能活到20年。
大部分的頭足類生物大概只能活1年，產卵之後就會死亡。
但鸚鵡螺卻是唯一產卵後也不會死掉的頭足類生物，
在壽終正寢之前都可以持續繁殖。

生龍
活虎

1歲

唉～全身
都痠痛…我
的日子也不
多啦

1歲

1歲

你們1歲就
不行了啊！

以前地球上曾經存在許多種類的鸚鵡螺，
不過存活至今的只剩下6種了！

想當年啊…

好漢不提
當年勇…

等一下！
CITES是什麼？

CITES是〈瀕臨絕種野生動植物
國際貿易公約〉，是國際間為了
阻止無限制的野生動植物交易而
制定的公約。

再加上鸚鵡螺有著漂亮的外殼，引起人類的濫捕，
所以目前地球上的鸚鵡螺數量也正在減少。
鸚鵡螺已經被列入國際瀕臨滅絕物種（CITES）名單中，
是受到保護的動物。

嗶嗶
嗶嗶—

人小鬼大
藍環章魚

第一印象

迷你身型和**華麗花紋**！
我很漂亮吧？但要是小看我
可會吃不了兜著走哦！

你…你以為
我會怕嗎？

來啊，
PK啊！

蛤？

打到你叫媽媽喔！

我主要住在**亞熱帶海域**，
外國人都叫我
『Blue ring
octopus』哦！

我跟一般章魚
一樣有8隻腳，
但跟其他章魚比起來
我的腳比較短，
還有我的**頭型也比較扁**，

別說我
沒警告你！
我很危險的！

我的大小只有**10 cm**左右，
體重也大概只有**80 g**上下，
是體型迷你的**小型章魚**。
我全身都是**黃色或黃褐色**，
身體和腳上大概有**60個**
看起來像**藍色圈圈**的藍環花紋！

這些**藍環花紋**平常不會很清晰，
但我生氣或者受到驚嚇時就會變得
非常鮮豔，在視覺上會讓對方
感到強烈的威脅！

大事不妙～
大事不妙啦～

分類 章魚科
尺寸 約10 cm左右
食物 小型螃蟹、小蝦
棲息位置 印度洋、太平洋
特徵 有劇毒，藍環花紋

小巧無害的外型充滿了致命吸引力！
藍環章魚有著比任何生物都恐怖的劇毒，
來仔細了解一下，牠是個多麼厲害的狠角色吧！

Let's~go！

反差魅力

不要告訴
別人我躲在
這哦！

哈囉

因為我迷你的尺寸常常被人誤會成短蛸（短爪章魚），但我可是**貨真價實的章魚哦**！我跟章魚一樣，平常喜歡躲在岩石縫隙或海螺的殼裡，甚至還會躲進廢棄的玻璃瓶中呢！

！警戒！河魨毒素

我會分泌一種叫做
『（河魨毒素）Tetrodotoxin』的劇毒，
它是很恐怖的神經毒素。只要少少的1mg，
就足以使人致死，所以要小心千萬不能被咬！

哎喲！找死
是不是
啊！？

呃啊！

好可怕！

撲上！

藍環章魚主要是獵食小蝦或小螃蟹…
等**甲殼類**，牠會囓咬並注入毒素使獵物癱瘓，
再撕成小塊吞食。

啊啊！
是劇毒啊！

藍環章魚就是～
絕對不要靠近牠！雖然看
起來又小又弱，實際上卻
是**身懷劇毒**的生物！

藍環章魚平常是獨行俠，
只有交配時才會見到同類。
雌章魚在交配後會生下60～100顆卵，
接著用身體包覆，保護牠們6個月以上。

寶寶們，乖乖…

Don't TOUCH !
嚴禁觸摸！

被藍環章魚咬到怎麼辦?!

藍環章魚透過牙齒將河豚毒素注射進體內，
被咬之後最短5分鐘、最長4小時之後，
就會開始出現症狀。

請勿靠近

嗶

嗶

被藍環章魚咬到後過一段時間，
會出現嘔吐、暈眩、昏迷、呼吸困難⋯等症狀，
嚴重的話可能導致死亡，所以要立刻前往醫院。

一開始覺得像被蜜蜂螫，
但身體感覺越來越奇怪⋯

頭好暈啊！

哎呀！

大膽刁民！

除了要小心千萬別被藍環章魚咬到之外，
這傢伙的皮膚黏膜、墨汁裡也含有部分毒素，
所以也千萬不能摸喔！

小朋友！
不要摸啊

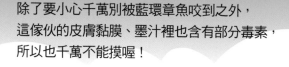

顏色
好漂亮！

章魚耶！

藍環章魚出沒
注意！

⚠️ 台灣也有藍環章魚 ⚠️

雖然藍環章魚是亞熱帶生物，但在台灣也發現了牠的蹤跡！
竟然有民眾誤將牠帶回家？！幸好並無發生慘劇。事實上，
2017年就陸續在東北角海岸和花蓮見過藍環章魚了。

這隻章魚雖然
看起來很漂亮，
卻是擁有劇毒
的可怕小傢伙喔！

牠明明長得
超可愛…

放手！
放手！

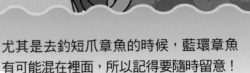

咦？不是
短爪章魚
啊？

尤其是去釣短爪章魚的時候，藍環章魚
有可能混在裡面，所以記得要隨時留意！

今天運氣真背！

難道就沒有能夠抵擋藍環章魚劇毒的天敵嗎？
幸好是有的！體內有硬殼的烏賊不會受到藍環章魚的毒素影響，
真的非常神奇！所以烏賊也常常捕食藍環章魚喔～

你對我來
說只是平凡
的食物啦！

呃啊！

我竟然
也有今天！

抓住！

危險的毒針獵手
芋螺

第一印象

不是所有的螺都一個樣子哦！
因為包圍我身體的外殼像
高麗青瓷一樣高雅，
所以韓國人又叫我『青瓷螺』呢！

你有我
高級嗎？

等等！如果想要直接
用手摸我，
勸你最好三思哦！

哥現在是
認真的

我屬於腹足類，也就是「腳接著肚子的生物」。
雖然我實際上沒有腳，
但我可以使用貼在地面的腹部肌肉爬行。

海裡有一隻螺～

外殼是長長的圓錐形，
像瓷器般光滑表面的
鮮豔花紋。

爬呀爬呀往前爬～♫

刺

刺

我也會獵食魚類，我吃魚的時候會撐
大嘴巴，把獵物往內吸。甚至可以吞下
和我身體一樣大的魚喔！

分類 芋螺科

尺寸 約7 cm上下

食物 小型魚類

棲息位置 東海及熱帶、亞熱
帶海域

特徵 小型魚類

我的武器就是嘴裡的厲害毒針。
它長得像魚叉，尾端有一個倒鉤，
只要一被刺到就很難拔出來，要小心喔！

吸住！

不同於牠平凡的外表，
芋螺有著厲害的毒針和伸縮自如的嘴！
一起來看看牠可怕的能力吧！

Let's～go！

海裡的某個地方…

抖 抖 抖 抖
牠什麼時候來的啊？
哇，跟牠對到眼了…

芋螺主要棲息在**亞熱帶海洋**，
全世界棲息著
約800多種不同的芋螺。
台灣海域也經常發現牠的蹤影。

反差魅力

看我的
毒針招式

芋螺是會獵捕活魚的肉食性螺類，
牠會像使用**魚叉**一樣射出強力的**毒針**，
把獵物弄昏或殺死後享用。

被我刺到的話連
人類也不可能平
安無事喔！

啊，我大
意了…！

啾一

牠的毒針上有著『**芋螺毒素（Conotoxin）**』，
是一種劇毒，據說被刺到的話
甚至可能致人於死地。

絕對不能大意！
芋螺不只會用毒針狩獵，
牠還會在小魚的附近
釋放出含有**胰島素**的毒素，
而受到胰島素影響的魚，
便會因為**低血糖休克**昏迷，
這時芋螺就會張開牠
巨大的嘴巴把魚吞下肚。

啊～
頭好暈！
你以為
只要躲過毒針
就沒事了嗎？

芋螺就是～

擁有能致人於死地的劇
毒，水中的**毒針獵人**！

91

小心為上！

一口吞下！

芋螺用牠巨大的嘴把獵物整個吞下肚後，就會開始用消化液消化食物，同時也會把難以消化的尖刺或骨頭吐出來。

我吃飽了

嗝呃～

這個殘忍的螺
@$##^$-!@

瑟瑟　發抖

如果被芋螺刺到的話？

人類如果摸了芋螺，被毒針刺到的話，
除了會引發嘔吐、肌肉麻痺和呼吸障礙之外，
嚴重的話甚至可能導致死亡。
所以還是要小心長得像芋螺的螺類比較好

不知道
是什麼螺，
就不要摸哦！

注意！

芋螺的天敵

竟然不怕我的
毒刺！

好吃

好吃

總是靠毒針打遍天下的芋螺，大部分生物都沒辦法傷害到牠。但若是遇到擁有堅硬外殼、就連毒針也無法穿刺的甲殼類，故事情節就不太一樣了喔！面對某些甲殼類，芋螺也只能乖乖當個獵物而已呢～

饅頭蟹

芋螺也是有善良的一面

海裡的芋螺雖然是讓人聞風喪膽的獵手，
但另一方面牠也是對人類有許多幫助的善良生物。
芋螺的芋螺毒素也是一種有名的止痛劑，
可以幫助病人減輕痛楚。

雖然是可怕的劇毒，但只要好好利用，也能變成藥喔！

原來！

我也是有所貢獻的喔！

而利用芋螺中的胰島素成分，有機會研發出治療糖尿病的藥物。除此之外，芋螺中含有的其他各種毒素，也正在被研發成治療阿茲海默症、帕金森氏症、憂鬱症、癲癇…等各種疾病的藥物喔！

那個時代的熱門商品！

芋螺的殼有著相當精緻而美麗的花紋，
所以從前曾是大受歡迎的裝飾品及收藏品。
在非常古老的遺跡中也曾出土過用芋螺製成的飾品，
可以想見當時有多麼受歡迎吧！

哇，跟傳聞中一樣漂亮呢～

女王大人，這是時尚人士才懂的單品呢！

閃閃發亮

變身的鬼才
擬態章魚

第一印象

我的名字叫**擬態章魚**，
英文是『Mimic octopus』！
我可以變身成各種海洋生物喔！

捲捲

鼓鼓

> 沒看過像我
> 這麼美的章魚吧？

我的身體比一般章魚
細、腿也更長，看起來
也有點像**長腕小章魚**。

這裡！

這裡！

我只是章魚啦！

長腕小章魚？

我總共有**8條觸手**，
腿的背面佈滿了大大小小的
吸盤，身上有著**白色**和
紅褐色交錯的條紋！

吸盤

> 可以用吸盤
> 吸附在某個
> 地方，或者用
> 來分辨食物

為了監視天敵，
我的特徵就是**雙眼是突出來**的，
還有眼睛上面有個**像角一樣的突起**！

眼睛側面有個像竹筒的管子，
這叫做『**虹吸管**』，可以透過它噴水！

> 原本是用來呼吸或
> 移動的，不過打架
> 也會派上用場哦！

分類 章魚科

尺寸 約60 cm

食物 魚類、甲殼類

棲息位置 印度洋、太平洋

特徵 可以變身成許多生物

94

擬態章魚能模仿的海洋生物種類繁多，
目前已知的就已經超過10餘種。
我們來看看被模仿名單中最具代表性的生物們吧！

Let's～go！

擬態章魚最喜歡的變身對象就是**扁魚**了！牠
會把8條觸手全部併攏在身後，不只是外型，
甚至還會模仿扁魚的動作喔！

扁魚本尊

你誰啊？

反差魅力

學你這樣貼在
海底，就可以
更快、更安全
地移動呢！

嘻！

簡直雙
胞胎！

一模
一樣吧！

這次輪到變身成**獅子魚**了！我會**把觸手伸向
四面八方**，讓它們看起來像是獅子魚的背鰭一
樣，然後就能在水裡自在悠游啦！

來變成身懷劇毒的**海蛇**試試看吧！把身體藏在土裡
只伸出2條觸手，呈現平行的樣子，就成功變成海蛇
啦！

天哪，是海蛇！

啊，尾斑光
鰓雀鯛！

擬態章魚這麼擅長模仿的原因究竟是什麼呢？
其實是因為擬態章魚**沒有墨汁**！
牠沒辦法在躲避天敵時噴出墨汁，
只好選擇使用**變身術**了。

我也沒
辦法呀～

擬態章魚就是～

可以瞬間變身、自在變換
外貌和顏色的海底變形
金剛！

含著金湯匙出生的基因富二代

擬態章魚天生就擁有適合變身的絕佳基因。
章魚的皮膚有色素細胞，
色素細胞由複雜的肌肉控制收縮與放鬆，
就能瞬間改變身體的顏色。

章魚同時也是高智商的生物，牠們可以通過複雜的迷宮、打開瓶蓋，甚至還懂得玩笑打鬧。
這麼聰明的章魚，甚至還被用來預測世界盃足球賽的勝敗呢！

章魚的視力也很發達，牠的眼睛構造和相機鏡頭類似，可以依光線亮度調節瞳孔
的大小，連晃動的光都能看清楚。不過據說牠看不清楚遠距離的東西。

有趣的章魚小故事

初次發現擬態章魚

1998年擬態章魚在印尼蘇拉威西島的
海邊，第一次被漁夫發現。

> 這不是扁魚，
> 也不是海蛇，到底
> 是什麼啊？

> 這是擬態章魚！

章魚的觸手是牠第二個腦！

章魚的神經細胞有三分之二都在觸手上，所以
就算沒有腦的指示也能自行運動。牠可以靠觸
手上的吸盤迅速感知周圍環境，在腦下指示前
便能自發性地採取行動。

> 準確到簡直
> 像觸手上
> 也有眼睛
> 一樣呢！

哇是真正的海蛇！

滑行

有樣學樣的後頜魚！

在章魚模仿其他生物的時候，
還會有一種魚在旁邊模仿章魚的樣子，
這種魚就叫做「後頜魚」。
牠會假裝成擬態章魚的一部份，
緊緊跟在章魚的身邊。
果然是人外有人、
天外有天對吧！

> 還不快滾！
> 揍你喔！

> 大哥，讓我追
> 隨你吧～

巨大無比的食人蚌
大硨磲（ㄑㄩˊ）（巨硨磲蛤）

 第一印象

嘿！可以背我一下嗎？

你知道自己有多重嗎！？

還以為是塊大石頭，結果居然是貝類？？

因為我巨大的身軀，才被取了巨硨磲蛤這個名字。而我的英文名字叫做「Giant clam」哦！

我的身上有一層叫做外套膜的東西，這層膜很厚，一旦完全成長，就無法閉緊自己的外殼了。

好想把殼關起來啊！

用～力～

我最自豪的，就是我是全世界最大的貝類！完全長大後可以重達200 kg，身體長達120 cm！

這裡為什麼有岩石呢？

不是岩石，我是蚌啦！

跟一般貝類圓圓的外殼不一樣，我的殼有著彎彎曲曲的造型！

我的殼裡有這種圓形孔洞，這就是用來吸水、排水的虹吸管。

這裡是虹吸管！

分類 硨磲蛤
尺寸 最大120 cm
食物 浮游生物、透過光合作用獲取養分
棲息位置 南太平洋、印度洋
特徵 巨大的身軀

 98

光是尺寸就跟別人等級不同的巨硨磲蛤！
牠還有著什麼樣的祕密呢？

Let's～go！

左顧右盼

轉

轉

聽說這裡有
巨硨磲蛤耶…

若隱若現

反差魅力

巨硨磲蛤棲息在
南太平洋和印度洋之間，
水深20 m左右的珊瑚礁地帶，
一般是嵌在珊瑚礁和暗礁的縫隙間生活。

OK！

各位～我需要補充
點營養了！

巨硨磲蛤會吃水中的浮游生物，
也仰賴跟牠共生的藻類，透過藻類的光合作用
獲得成長的養分。

你給我卵子！

我給你精子！

成交！

巨硨磲蛤是雌性和雄性兼具的雌雄同體生物喔！
因此只要有一顆巨硨磲蛤就能同時產出卵子和精子，
但因為牠們無法跟自己交配，
所以還是需要和另一個個體的精子及卵子才能繁殖。

巨硨磲蛤的身體這麼大，卵也很
大嗎？巨硨磲蛤的卵和牠巨大的
身體很不一樣，只有0.1mm這麼
小，用肉眼甚至看不太清楚呢！

哇啊，幾乎
看不見呢！

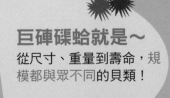

巨硨磲蛤就是～
從尺寸、重量到壽命，規
模都與眾不同的貝類！

好小！真小啊！

令人聞風喪膽的食人蚌！

別誤會，不是浮游生物我們可不吃呢！

有人說你們會吃人耶？

冤枉啊…

巨硨磲蛤是食人蚌嗎？

有傳聞說巨硨磲蛤會吃人，我們直接先說「這個傳聞是錯誤的」！巨硨磲蛤從來就不是肉食性動物，但為什麼會被冠上食人蚌的污名呢？

巨硨磲蛤是非常巨大的蚌，力氣也非常大，平常牠的蚌殼是打開的，感受到威脅時就會關起來，這時如果潛水員的手或腳被夾進去的話，會因為牠強大的力量和殼的重量無法脫身，因此就會有生命危險，巨硨磲蛤也就因此得到食人蚌之名。

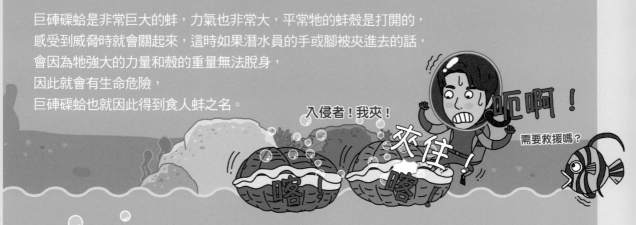

入侵者！我夾！

夾住！

呃啊！

需要救援嗎？

喀！喀！

你超過100歲了？

你算是我的孫子輩啦～呵呵呵

另一方面，巨硨磲蛤依種類不同可以產下數百萬，甚至高達數億顆卵。而且巨硨磲蛤的壽命最長可以達到100年以上呢！一顆貝殼居然能活100年，看來牠之所以那麼巨大都是有原因的呢～

深陷危機的巨硨磲蛤

趁我還在對我好一點！不要失去了才懂珍惜！

巨硨磲蛤面臨的絕種危機！

巨硨磲蛤是如此巨大又氣派的生物，但感傷的是我們未來可能會沒辦法再看見牠了！

巨硨磲蛤從很久以前就被補捉來食用及用來裝飾，因為很受歡迎所以遭到人類濫捕，而且牠生活的珊瑚礁也因為環境破壞而逐漸消失，目前巨硨磲蛤的數量據說只剩下不到原本的一半！

我什麼都沒有～沒有家也沒有朋友～

所以巨硨磲蛤現在已經被列入國際瀕臨滅絕物種（CITES）名單當中，受到國際保護。最近也透過人工繁殖等方式，正在努力增加個體數量。

任意捕捉或毀損巨硨磲蛤的話是要坐牢的喔！

CITES

嗶——嗶——

啊！

世界上最醜的魚，軟隱棘杜父魚（水滴魚）　　　世上最大的等足目生物，大王具足蟲

假餌釣手，黑鞭冠鮟鱇（深海鮟鱇）　　　　　腦袋看透透，太平洋桶眼魚（大鰭後肛魚）

長達10m的超大型魚類，皇帶魚　　　　　　　全世界最可愛的章魚，小飛象章魚

比恐龍更古老的生物，腔棘魚（矛尾魚）　　　一顆大頭海裡飄，翻車魚（曼波魚）

住在黑暗深海的
神祕海洋生物！

軟隱棘杜父魚（水滴魚）

第一印象

我很醜～
就是我～
我就醜～

呃！怎麼長的那樣啊
句句見血
慘不忍睹！

嗨！我的名字叫**水滴魚**，也是世界上最醜的魚！

你們也太傷人了

看到的瞬間便無法忘懷的衝擊性外表！看過比我還醜的魚嗎？叫牠出來～

我有著鈕釦般的**小眼睛和巨大的嘴巴**，我臉上最特別的部位就是鼻子了，就像人類的鼻子一樣**突出**。

鬧彆扭 鬧彆扭
鬧彆扭

被人身攻擊，你還好嗎？

好個頭啦！

桃粉色的皮膚和果凍般的Q彈身體，這真的是魚嗎？答案是真的喔！

請問你真的是魚嗎？

名偵探生圖

是的

叮咚！

跟在水底長得不一樣？

我本魚挺帥的好嗎！

其實我是一種神祕的生物，在水裡和出了水之後的外表截然不同！

分類 隱棘杜父魚科
尺寸 30 cm 以下
食物 浮游生物、深海甲殼類
棲息位置 澳洲本島、
　　　　　塔斯馬尼亞島
特徵 深海生物

生物界中以醜出名的魚類！
關於這隻醜得很特別的水滴魚，
我們來仔細了解一下吧！

Let's～go！

我肌肉很少，
所以沒辦法游得很快～！

住在澳洲本島、塔斯馬尼亞島深海的水滴魚，
牠的身體為了適應深海的**水壓**，
逐漸演變成**肌肉量極少**、
軟軟嫩嫩的樣子了。

喂，你根本沒肌肉嘛！

肌肉結實

反差魅力

我天生就這樣啦

歡迎光臨

我是誰？我在哪裡？

水滴魚的動作很慢，不過**嘴巴非常大**，
多虧這點牠可以自然攝取到漂浮在
水中的浮游生物和小型甲殼類。

很像高級鮪魚和牛肉混合而成的絕妙滋味

醜醜的外表和**軟嫩的口感** 做為一般食材不太行！
但據說有一部分美食家偏愛牠的味道。

軟隱棘杜父魚就是

雖然其貌不揚，了解後會發
現並不醜，是魅力滿分的魚
兒！

嗶——嗶——

查無相關資訊。

確認

確認

可惜的是目前對水滴魚的
研究仍嫌不足，未來有更多研究
結果出來後，或許我們會更容易遇到這
種奇妙的魚也說不定呢！

醜陋外表下隱藏的悲傷真相…

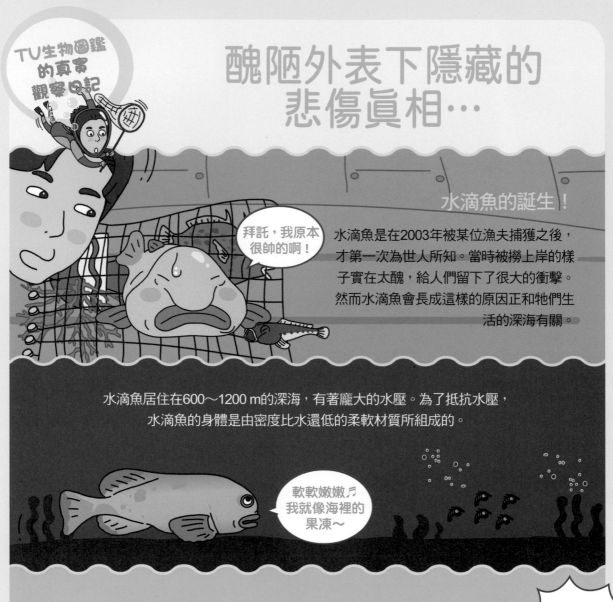

醜孩子裡最醜的那個

水滴魚在2013年9月被〈醜陋動物保護學會〉選為「全世界最醜的動物」，因此得到了一世臭名。甚至在這之後還成為該協會的吉祥物，持續活躍中呢！

第一名…這是真的嗎

含淚

顫抖

顫抖

科科科

恭喜你！

也因人類頻繁捕食海中的甲殼類，水滴魚變成經常被漁船捕獲的常客，據說牠因此變成絕種風險非常高的生物之一。

又是你啊？

噢不！是水滴魚！

齁嗨！

煩捏，每次都抓我～

隨著牠又醜又奇特的外表越來越為人所知，
水滴魚獲得了從全世界湧來的關注。
多虧牠人氣越來越高，
現在也有很多水滴魚的
角色和相關商品，
讓牠得到大家的喜愛。

也是很勾錐嘛！

假餌釣手
黑鞭冠鮟鱇（深海鮟鱇）

 第一印象

我是最具代表性的深海生物之一，頭上的亮光看起來像燈籠一樣，
所以又有人叫我燈籠魚；國外則因為我的身體長得像橄欖球，
所以幫我取了『Football fish』這個名字。

一閃一閃！好像海底螢火蟲一樣閃
閃發亮的光…不是，
原來是鮟鱇啊？

騙到你
了吧！

吼吼吼

怎麼樣！我的牙齒
很恐怖吧！

普通尺寸的獵物，
我幾乎都能一口吞下！
我有著非常
尖銳細長的牙齒，
密密麻麻地排列在我的口中。

GG了

雖然整個
身體是
軟綿綿且
光滑的質感，
但其中穿
插著骨頭
形成的尖刺狀
突起。

是吃
的！

科科 上鉤了

我最大的特徵
就是頭上釣竿狀
的吻觸手了，
吻觸手上有一個做為誘餌的餌球，
它會發光，藉此吸引獵物上門！

整體外形偏橢圓形，
全身厚實，顏色是深紫黑色。
我的體型也會讓人聯想到河豚。

我們有
點像吧？

蛤？

分類 鞭冠鮟鱇科
尺寸 雌性約60 cm，雄性約4 cm
食物 各種魚類及甲殼類
棲息位置 熱帶及亞熱帶深海
特徵 頭上有著會發光的器官

用發光的假餌引誘獵物，再一口吞下！
來了解一下深海鮟鱇的獨特狩獵方式和牠們驚人的祕密吧！

Let's～go！

好孤單、
好餓、
好無聊

反差魅力

有魚在嗎～？

深海鮟鱇居住在完全無光、水深800 m以下的深海，
能捕捉的獵物非常有限，在黑暗中捕食也很困難。

住在水深500 m以下深海區域的生物們，
大部分都擁有發光器官。
深海鮟鱇也一樣在頭上吻觸手的尾端掛著一個發光器官，
與其共生的發光細菌會在這裡替牠們發出閃爍光芒。

咦那是
什麼
光啊？

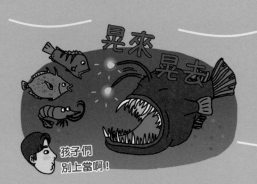

晃來
晃去

孩子們
別上當啊！

深海鮟鱇靠著這根吻觸手發光吸引獵物靠近，
餌球在一片黑暗中閃閃發亮，效果滿分！
如此一來就能輕鬆獵食了吧！

雌魚

雌魚比雄魚
大10倍以上？！

雄魚

黑鞭冠鮟鱇就是～

頭上有著發光假餌，是
讓人印象深刻的
深海生物！

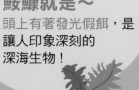

雄魚的祕密！

深海鮟鱇雄魚的身體只有4cm長！
跟約60cm左右的雌魚比起來，算是
非常迷你的尺寸。

雄魚的生存戰略

快點跟
上來！

雌魚

深海鮟鱇種類的雄魚，大部分的尺寸都只有雌魚的幾十分之一不到，非常小隻。

啊～妳游
慢一點啊

雄魚

啊～

所以好幾種深海鮟鱇都選擇了非常獨特的生存戰略。首先雄魚會貼附在雌魚身上，之後開始被雌魚吸收，隨著時間過去，眼睛、腦甚至連內臟都會與雌魚合為一體。雄魚就這樣寄生在雌魚身上，只留下生殖能力，持續供給雌魚繁殖所需的精子。

深海的
生活智慧王！

黑鞭冠鮟鱇雌魚

你很
棒哦！

據說用這種方式繁殖的深海鮟鱇足足有168種之多。不過我們現在介紹的黑鞭冠鮟鱇的雄魚並不會寄生在雌魚身上。

我雖然微不足道，
但我不寄生，會自己
好好活下去的

黑鞭冠鮟
鱇雄魚

沒有妳我活不下去！

深海鮟鱇雌魚的光芒不只可以用來誘捕獵物，這朦朧的亮光也是牠用來吸引附近雄魚的道具喔。

那裡有妹子！！

閃開！妹子是我的

快來追我啊～

深海鮟鱇雄魚為什麼會選擇寄生雌魚呢？

因為深海鮟鱇雄魚的體型太小又瘦弱，
很難獵食其他生物，就算狩獵成功，
消化器官也不夠發達，
沒辦法把獵物吃下去，
所以牠才會選擇寄生雌魚以取得養分，
同時也能繁殖的生活方式。

就是說，我這樣做也是有原因的…

深海鮟鱇的天敵是誰呢？

目前我們對深海鮟鱇的研究還不夠充分，
所以也還不太了解有哪些生物是牠的天敵。
不過在亞速群島發現的抹香鯨的胃裡，
據說找到了好幾隻深海鮟鱇的蹤影。

味道不錯
吞～下
呃啊～敵人來了！
我被吃了嗎？

長達10公尺的超大型魚類
皇帶魚

第一印象

頭戴紅冠的巨大白帶魚出現了！
什麼？你說這不是白帶魚？

白帶魚

眨眼

嗨！

你是
…？

關於皇帶魚的傳說有很多，
歐洲漁民稱牠們為「海魔王」；
在韓國稱牠們為「山帶魚」。
然而皇帶魚跟白帶魚是不同種哦！

我的魚鰭是鮮豔的紅
色，額頭上的鰭非常發
達，長得有點像雞冠。

雖然不同種，
但我的確長得很像白帶魚吧？
不管是體型還是
銀色的皮膚都很像～
而我們之間最大的不同就是
我的皮膚上參雜著
不規則的黑色花紋。

你也
有冠？

腹鰭

我的腹鰭
是長長的兩條，
尾端寬扁。

分類 鞭冠鮟鱇科
尺寸 雌性約60 cm，雄性約4 cm
食物 各種魚類及甲殼類
棲息位置 熱帶及亞熱帶深海
特徵 頭上有著會發光的器官

我的嘴巴看起來很像在鬧脾氣吧？
不同於我的體型，我的嘴巴有點厚
斗、小小長長的，沒有滿口利牙但有
兩顆很尖銳的牙齒。

奧
嘟
嘟

尺寸和長相都很驚人的皇帶魚！
雖然我們對牠的瞭解還不多，
不過一起來更認識牠一點吧！

Let's～go！

皇帶魚已在地球上存活
超過 **1 億年**，牠生活在
數百公尺以下的深海，
最長可達10 m，
也是目前已知有脊椎的魚
之中最長的 **超大型魚類**。

就是牠嗎？！
10 m的魚！

悄悄話

反差魅力

好長，
好長啊！

平常牠游泳的時候身體是 **垂直** 的，
看起來好像站著一樣，
當然緊急的時候也能 **水平** 游動。

好急啊！
給我讓開！
肚子好餓啊

皇帶魚的主要食物是深海裡的 **魷魚、甲殼類或小魚**…等，
牠有突出的下顎和嘴，可以一口氣將獵物吸入口中。

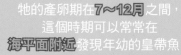

一口
解決！

呼嚕嚕！

牠的產卵期在 **7～12月** 之間，
這個時期可以常常在
海平面附近 發現年幼的皇帶魚。

深海魚怎麼
會在這裡？

皇帶魚就是～～

從尺寸到長相都彷彿外
星生物般奇特，傳說中
的海魔王！

皇帶魚也懂地震預報?!

有傳聞說只要發現皇帶魚出現就會發生地震，因為皇帶魚預知到地震後會逃到淺海！難道皇帶魚真的有預知能力？

關於這項傳文是真的嗎？

嗯？

是皇帶魚！可能要發生地震了！

據說在2011年日本311大地震的一年前，附近海域便發現了數十隻皇帶魚。而且墨西哥、台灣，甚至韓國等地，也都曾經在發現皇帶魚後發生地震。

這只是巧合而已！

其實皇帶魚的出現和地震沒什麼關聯！皇帶魚之所以會在淺海被發現，據說大部分是因為牠們追捕冬季的獵物時偶然游上來，或者被強烈的上升海流一起帶上來而已。

你看！我跟地震沒關係啦！

我也只是聽說嘛…

傳說的海洋生物！

萬歲

哇！是鯡魚國王耶！

我們只是一起出來吃飯啦…

難為情

尷尬

有魚在嗎～？

斯堪地那維亞帝國把皇帶魚稱為「鯡魚之王（King of the herrings）」，因為鯡魚和皇帶魚的食物都是小型甲殼類，可以發現牠們經常在一起捕食甲殼類。

日本把皇帶魚稱為「竜宮の使い（Ryuguu no tsukai）」，意思是龍宮的使者，日本人傳說如果撈到浮上水面的皇帶魚，就能變成有錢人呢！

天啊！發財啦！！

嘿咻

嘿咻

神經

韓國也有和皇帶魚名字有關的傳說。一則是山頂的一顆星星變成海裡的魚，所以有了「山帶魚」的名字；第二個則是聽說皇帶魚一個月裡有15天住在山上，剩下的15天住在海裡，所以才幫牠取名叫「山帶魚」。

嘿咻

嗯，信者恆信啦～

比恐龍更古老的生物
腔棘魚（矛尾魚）

第一印象

你是活化石耶！

看什麼看？

牠是一隻長相驚人的魚！不過，為什麼有種好像在化石上看過的感覺呢？

腔棘魚指的是腔棘魚目下的魚種，現在全世界只剩下兩種存活了！

我的胸鰭和背鰭跟陸地生物的腳很像，不只外型像，實際上還有骨頭，可說是真正的腳喔！

前進！

我也想要有雙腿…

我總共有8片魚鰭，我的尾鰭又寬又大，讓我可以充分獲得往前游的推進力！

我的皮膚是深黑褐色！上面覆蓋著鐵甲般的堅硬魚鱗，而其中穿插著不規則的白色斑點，是我的特徵！

好可怕！

分類 腔棘魚科
尺寸 最大2 m
食物 魚類及頭足類
棲息位置 印尼、東非
特徵 類似足部的胸鰭、背鰭

哇，歐巴皮膚是古銅色的耶！

帥

我還有尖銳的牙齒和巨大的嘴巴呢！

牠竟然是4億年的活化石！
腔棘魚是怎麼活到現在的呢？

Let's~go！

我可是比恐龍還老呢～
真的嗎？

腔棘魚大約出現於4億年前的**古生代泥盆紀**，一直在地球上存活到現在，真的是所謂的**活化石**呢！

腔棘魚生活在水深100 m以下的深海中，**壽命**也推測長達**100年以上**，真的很驚人吧！

反差魅力

古生代泥盆紀時期，腔棘魚生活在陸地附近，而**魚鰭開始變得像腿一樣發達**，但在那之後牠又再回到海中生活，才變成了現在的樣子。這也是牠的胸鰭和**陸生動物的腳**外型相似的原因。

魚鰭長得好像腳喔！

我混過陸地生活好嗎！

腔棘魚是**夜行性動物**，主要捕食魚類、魷魚、章魚…等生物。和牠巨大的身形比起來，牠吃得很少，不會隨意浪費體內的能量。

你是大胃王？

你是小鳥胃？

小丑蝦

腔棘魚就是～
讓我們見識到海洋生物**進軍陸地的中間過程**的活化石！

腔棘魚是**卵胎生**，卵會在雌魚的肚子裡孵化，所以一出生就是**幼魚狀態**。雌魚在腹中孵育卵的時間長達1年。

在我肚子裡待這麼久，總算肯出來了！

噗
噗

媽媽♥

化石真的還活著！

吼吼吼

如果像恐龍那種，以為很久以前就從地球
上消失的生物，突然有一天出現在眼前，
你會是什麼心情呢？

呃啊啊！

這是在作夢嗎？
恐龍來啦！T^T

腔棘魚是已經
絕種的生物吧…

腔棘魚過去被認為
早在7千5百萬年前就已經絕種，
所以只有在化石上
才能見到牠的蹤影。

竟然有這種
事！活著的
腔棘魚！

但在1938年，南非東倫敦查朗那河的某
艘漁船，抓到了一隻來路不明的魚，之
後經過魚類學家詹姆斯·史密斯（J. L.
B. Smith）的驗證，才確認這隻魚正是4
億年前的生物—腔棘魚。

竟然出現在那裡！

腔棘魚怎麼會在這裡！？

買一條回去吃吃看～

嚇歪歪

另一方面，腔棘魚也在印尼的魚市場被發現了！

1997年，一位美國生物學家去印尼度蜜月的時候，在蘇拉威西島的魚市場裡發現出售中的腔棘魚？！原來這隻腔棘魚和之前發現的那隻是不同種呢！

魚市賣的腔棘魚，味道究竟如何呢？

其實，據說腔棘魚是一種非常難吃的魚。
牠身上大部分都由脂肪組成，
肉質太韌、味如嚼蠟，不太容易消化。
所以就算漁夫們抓到腔棘魚，
大部分也會選擇直接放生。

這是什麼味道啊⋯難道你是因為不好吃才活了4億年的嗎？呵呵

超・難・吃

腔棘魚延續了同樣的血脈長達4億年！
但現在腔棘魚的數量非常少，
或許很快就要絕種了。
據說棲息在非洲的腔棘魚約有一萬隻，
印尼的腔棘魚則只
剩500隻左右呢⋯

嗯嗯，一定要活下來

要活著再見哦

119

世上最大的等足目生物
大王具足蟲

第一印象

背上彷彿背著鐵衣的**海底大蟲**！你問我是誰？
我是大王具足蟲屬的巨大等足目生物！
而我是其中體型最大的一個，
所以才叫做 **大王具足蟲** 喔！

大王具…
什麼？
你的名字很
難記耶…

人類，用
點腦吧！

我長得很像**球潮蟲**、**鼠婦**，
還像海邊常見的海蟑螂！

長得像就都是
朋友啦～

腹部有能夠游泳的**游泳步足**，
尾巴也是**扇形**，
能幫助游泳時前進。

你問我怎麼樣在海底
生活～？因為我有步足
和尾巴啊！

嘩嘩嘩嘩

因為我住在深海沒有陽光，
我的眼睛是由**4,000**多個
平面小眼所組成的複眼喔！

旁邊有東西！

摸索　　摸索

看到我結構精細
的眼睛了嗎？

雖然有著大眼睛，
但視力並不算太好，所以有**兩對觸
鬚**用來取代眼睛的功能，
我都是用觸鬚來掌握周遭情況的！

分類 **大王具足蟲屬**
尺寸 **17～50 cm**（最大**75
cm**）
食物 動物的屍體
棲息位置 深海
特徵 跟鼠婦長得很像

大的非常驚人的等足目大王具足蟲！
這巨大的蟲蟲到底住在哪裡？
過著怎樣的生活呢？

Let's～go！

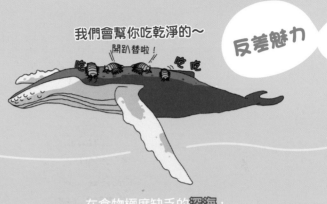

我們會幫你吃乾淨的～

開趴替啦！

吃吃　吃吃

反差魅力

大王具足蟲住在非常冰冷的深海中，
棲息在類似泥灘的海底。
牠主要的食物是死掉的魚或魷魚…等等，
不挑食的牠又被稱為深海的清道夫呢！

嗶

進入省電模式

在食物極度缺乏的深海，
必須盡可能節約身體的能量，
所以除了必要的時候之外，
大王具足蟲不太會移動身體。

一閃一閃的眼睛反射

大王具足蟲的眼睛就像貓一樣，在暗處會反射光線，
所以看起來一閃一閃的。
據說這樣才能在黑暗中多少看清一點。

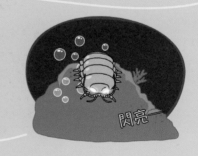

閃亮

跟大部分甲殼類一樣，
大王具足蟲也會在腹部抱卵，
一直孵育到卵孵化為止。
驚人的是，孵化出來的幼蟲跟成蟲
幾乎長得完全一樣，
只有尺寸不同而已。

這算
是老起
來等？？

大王具足蟲
就是～
第一眼看起來可能有點
噁心，但越看越充滿魅
力呢！

困難重重的上岸過程

哭哭 哭哭

只有我沒有
大、王、具、
足、蟲
T^T

對於喜歡海洋生物的人而言，
大王具足蟲是一種非常有魅力的生物，
讓人很想飼養看看。
當然的確有可能飼養，
但把牠帶回家的過程
充滿了各種艱難挑戰。

光是要在深海中找到牠就已經不容易了，
發現之後要帶到陸地上也很困難。
因為牠們已經適應了極大的水壓，
如果突然被帶到水面上，
很可能會因為無法適應水壓變化而死亡。

大王具
足蟲，醒
醒啊！

咳咳…
我還
沒死！

吐血

所以必須花很長時間慢慢
把牠們拉上來，
並經過相當長的適應時間，
才可以開始飼養牠們。
幸運的是大王具足蟲們適應之後，
據說在水族箱中生活，
也沒什麼問題呢！

這個房間
挺不賴的嘛

等足目的代表生物們

意想不到的生物小情報

鼠婦 →  ← 球潮蟲

鼠婦和球潮蟲

我們熟知的鼠婦和球潮蟲，就是住在陸地的等足目動物，
牠們和大王具足蟲真的長得很像吧？

海蟑螂 →

海蟑螂

常常在海邊防波堤或岸邊岩石上看到，長得像蟑螂的一群傢伙！
牠們就是海蟑螂！海蟑螂的長相也跟等足目的其他朋友們很相似。

雖然長得像，卻是不一樣的生物喔！

鰓蝨、縮頭魚蝨

住在海裡的等足目生物中，
也有一些是在海洋動物身上寄生的寄生
蟲。例如：寄生在水針魚鰓中的鰓蝨，
或者附著在魚類舌頭上的縮頭魚蝨，
都很有代表性！

吸～住！

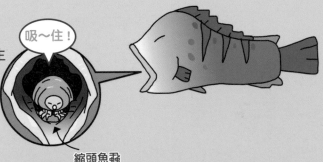

縮頭魚蝨

不想吃？你懂螃蟹好吃在哪嗎！

看起來有點噁心⋯

大王具足蟲屬的大型等足目生物中，
也有部分會被人類拿來食用，
最近就出現在台灣的拉麵上⋯
很難想像要怎麼吃這種
巨大又長相猙獰的生物吧？
不過因為牠們和
蝦子、螃蟹一樣屬於甲殼類，
所以味道據說也很類似呢！

太平洋桶眼魚（大鰭後肛魚）

第一印象

看起來就像透明的玻璃珠～♪♫

一雙眼睛被裝在透明的腦袋裡！所以我的名字叫做桶眼魚。國外則叫我『Barrel-eye fish』。

天哪！腦子透明的都被看光光了！

你的眼睛到底在哪裡啊！？

看著我的眼睛！

看到我眼睛了嗎？其實你以為是眼睛的那兩個洞並不是眼睛，而是我的**鼻孔**喔！那我的眼睛在哪呢？腦袋瓜裡的**綠色珠子**就是我的眼睛喔！很驚人吧！

我跟海豚一樣，有著飽滿渾圓的額頭！

我主要捕食水母或小的甲殼類、無脊椎動物…等等。因為我的嘴巴很小，所以要一點一點啃下來吃。

我的身體很特別吧！

點頭
點頭

我的腹鰭很大，尾鰭是**透明**的，身體則覆蓋著巨大的鱗片！

到底要吃多久啊？

細嚼慢嚥

分類　後肛魚科
尺寸　約10～15 cm
食物　水母與小型無脊椎動物
棲息位置　太平洋加洲附近600～800 m之深海
特徵　透明的腦袋和朝天的雙眼

太平洋桶眼魚深藏在透明腦袋的眼睛，
到底藏著什麼樣的祕密呢？

Let's～go！

你也住在這裡啊？

是鄰居啊

反差魅力

太平洋桶眼魚又叫做大鰭後肛魚，
是後肛魚科的魚類，
棲息在水深600～800m之間的極深海。

牠最大的特徵就是位在透明腦袋裡的眼睛，
看起來就像一對發出綠光的珠子。

好羨慕啊

眼睛
鼻子
嘴巴

也有其他種類的後肛魚多了一雙眼睛在側面呢！
這對眼睛可以聚集微弱的光線，確保視野清晰。

以深海魚來說，
我的能力值超高的
啊！嘿嘿！

傳說中眼睛
長在頭頂上

太平洋桶眼魚住在深海區，
為了看見上面的天敵或獵物，
牠的眼睛才會演化成
朝上的樣子，
而且還能360度旋轉，
所以能看清楚
各個角度的東西。

偷偷摸摸地想幹嘛？

太平洋桶眼魚就是～

有著一雙令人震驚的神祕眼睛的生物。

世界無敵霹靂獨特！

極致神祕主義的太平洋桶眼魚！

過去人們只有偶然發現過太平洋桶眼魚的屍體，
沒有實際目擊牠們活著的樣子。一直到2004年，
才第一次用相機捕捉到太平洋桶眼魚的活體，
而照片直到2009年才初次公開。

咦咦！？

哇！這不是太平洋桶眼魚嗎？

太平洋桶眼魚的眼睛為什麼在透明的腦袋裡呢？

太平洋桶眼魚會掠奪管水母目水母們的食物，
而牠們的眼睛之所以在腦袋裡，是為了保護自己
的雙眼不被水母的毒觸鬚傷害。

食物還來啊

幸好眼睛在腦袋裡，
傷害值0！

咕嚼咕嚼

真是特別的繁殖法！

太平洋桶眼魚特別的繁殖方式！

一般魚類會在安全的地方產卵，
接著由雄魚灑上精子使卵受精。
不過太平洋桶眼魚的
雌魚和雄魚會各自在水中噴灑出卵和精子，
受精後的卵也是在海中漂浮，自行孵化。

飄　飄

未知的深海生物

我們對深海生物了解得太少了！
究竟還有哪些生物呢？

你是鵜鶘嗎？

我是魚啦！

寬咽魚
又被稱為鵜鶘鰻、吞噬鰻。
牠的嘴巴就像鵜鶘一樣非常大，
只要張開嘴吞入海水，就能一起捕食小魚。

角高體金眼鯛（尖牙魚）
牠是目前發現住在最低海拔的魚類，
棲息在水深2000～5000 m之間。
銳利無比的牙齒讓牠有了尖牙魚這個名字，
幸好牠的尺寸並不大，
平均在15 cm上下。

要是被你的尖牙咬到…我連想都不敢想！

短頭深海狗母魚
牠是在水深800～4000 m處被發現的，
據說眼睛已經退化到看不清前方。
不過牠3根長長的魚鰭可以代替眼睛的功能，
而且游泳累了，也可以將魚鰭像三腳架
那樣固定在海底休息，非常特別。

只要放上相機，就是三腳架了？

全世界最可愛的章魚
小飛象章魚

第一印象

什麼章魚這麼可愛啊？
怎麼樣？我可以算是
世界第一可愛吧？

我的名字是源自動畫《小飛象》，
因為我頭上的鰭看起來就像小飛象的耳朵一樣！

是嗎？

懷疑嗎？

雖然我看起來
好像在吐舌頭，
但其實那不是舌頭，
而是排水的虹吸管啦！

搧動

搧動

我比小飛象
更可愛呢！

不要再
吐舌頭囉！

唉呦…羨慕
忌妒恨？

我喜歡大眼睛
的章魚耶！

哼哼

我眼睛小
真是抱歉喔…

我會依狀況收縮皮膚，
所以可以把眼睛縮得很小，
甚至直接把眼睛藏起來呢！

我腿很短，短到會被
懷疑我到底
是不是章魚的地步。
但那是因為在
我的腿之間有
皮膚薄膜覆蓋的關係啦！

短腿仔？

拉長

我的腿
也很長的！

我的身體主要是黃色的，
但也可以依情況變成各種
顏色！

分類 面蛸科
尺寸 20～30 cm（最大1 m以上）
食物 無脊椎動物
棲息位置 水深1000～7000 m
　　　　 的深海
特徵 可愛的外貌和小飛象
　　 耳朵般的鰭

看起來就像動畫角色活生生飛出螢幕的小飛象章魚！
到底小飛象章魚是怎麼在深海中生活的呢？

Let's～go！

找到了
小飛象章魚！
居然在這麼
深的地方！

7000 m

這樣也被
你發現！

反差魅力

小飛象章魚是地球上**棲息地在最深處**的章魚。一般會在
水深1000～5000 m的深海發現牠們。
而2020年甚至在深達7000 m的
爪哇海溝也發現了小飛象章魚呢！

太可愛了，怎麼
吃得下去…

因為牠住在很深的海裡，所以天敵並不多，
但有時候牠會成為**鮪魚、鯊魚和海豚**…等生物的獵物。

賣萌

可愛

讓我叫您
一聲大哥

霸氣十足

看臉色

一般的大小在20～30 cm左右，
但也曾經發現過長達1.8 m，
體重重達5.9 kg的**超大型小飛象章魚**。

鰭是我最重
要的寶貝！

小飛象章魚跟一般章魚不一樣，
沒辦法靠噴水獲得推進力，
所以牠游泳時只能慢慢搧動
長得像耳朵的**鰭**，靠它轉換方向，
還能用它四處游動找尋獵物呢！

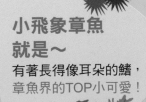

小飛象章魚
就是～
有著長得像耳朵的鰭，
章魚界的TOP小可愛！

深藏已久的繁殖祕密

為了我的另一半，
得做好準備才行！

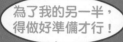

小飛象章魚繁殖的祕密！

跟小飛象章魚的數量比起來，牠們所生活的深海實
在太寬廣了，所以為了繁殖尋找對象是件很不容易
的事。因為這樣，雌章魚身上總是帶著好幾顆不同
成熟階段的卵子！

和雄章魚交配後，雌章魚可以將精子保存在體
內很長一段時間。所以牠可以配合適合產卵的
時機或環境，無論何時都能讓卵受精！

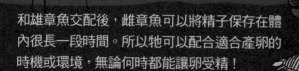

啊，現在
不行！
太多人
在看我了

找到適合產卵的環境之後，牠就會生下被硬殼包覆的卵。但跟其他
章魚不同的是，牠不會在一旁守候等卵孵化，而是直接離開。

你們
保重啊！

不是這樣
的吧！？

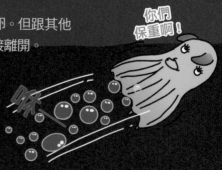

黑暗的深海實在太棒了！

你沒有墨囊啊？

不用墨囊也活得好好的

大部分的章魚為了躲避天敵，都會噴出墨汁遮蔽敵人的視線，但小飛象章魚卻沒有墨囊。因為牠住在沒有光線射入的昏暗深海之中，當然也就不需要墨汁了！

而且牠們棲息在很深的海裡，幾乎不會被人類的釣竿或漁網捕獲，所以牠們也是最能躲過人類威脅、最安全的生物之一！

人類是抓不到我們的呢！

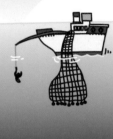

還有多少海底生物等著被探索呢？

海裡還生活著許多我們不知道的新品種章魚，讓我們來期待一下未來會發現哪些厲害的章魚吧！

一顆大頭海裡飄
翻車魚（曼波魚）

 第一印象

只有頭飄來飄去耶！

是誰啊

載浮　　載沉

我的名字是因為經常被看見翻躺在海面曬太陽的樣子，所以用『翻車』來形容；我是魨形目的魚，也可以叫我『翻車魨』哦！

我身體的上半部是青黑色，下半部則是灰白色的，我的皮膚非常非常厚。

誰幫我取這麼掉漆的名字啊？

誰知道？

翻車咧≡ミ

我的背鰭和臀鰭上下垂直，相當發達；尾鰭則延伸成具有8～9個小骨板的『舵鰭』。

知道自己渺小了吧！

你也太大了吧？

我不是只有頭而已！該有的都有啦！

我的平均尺寸是2～4m，平均體重高達1000 kg，非常巨大。

我的五官很精緻^^

分類 翻車魨科
尺寸 2～4 m
食物 雜食性
棲息位置 溫帶、熱帶海洋
特徵 彷彿只有頭部的特殊體型

但是我的眼睛、嘴巴和鰓孔跟身材比起來，算是非常小的。

從獨特的長相到驚人的體型都超有個性的翻車魚！
牠甚至是全世界魚類中產卵數量最多的呢！
讓我們來了解一下牠究竟可以產下多少卵吧！

Let's～go！

雌魚

反差魅力

產卵女王「翻車魚」！

翻車魚是目前世界上已知的所有魚類中
產卵數量最多的魚，牠一次的產卵數量竟然高達3億顆！

雄魚

雌翻車魚在水中撒下豌豆大小的卵之後，雄翻車魚
會使精子附著在卵上，透過體外受精的方式繁殖。

一大團

換我了

翻車魚皮很
好吃哦！

小時了了，果然
大未必佳…

狠毒

越長越奇怪的翻車魚！

翻車魚並不是一出生就長得這麼特別，
牠剛出生的時候長得和一般的魚一樣。
但隨著越來越接近成魚，
牠的尾巴就變得越來越短，
最後長成我們熟知的翻車魚樣子了。

翻車魚主要獵食小型魚類、甲殼類、水母…等等。
因為體型的關係，成熟的翻車魚天敵並不多，
但海獅、殺人鯨或鯊魚
有時也會獵捕牠們。

翻車魚就是～
用牠龐大的體型大量產
卵的深海巨魚！

人外有人，
魚外有魚！

呃啊！

大海的醫生

翻車魚的皮膚非常堅硬,所以小魚們會在翻車魚身上摩擦身體,藉此清除寄生蟲。翻車魚分泌的抗生物質據說也有療效,所以翻車魚又被稱為「大海的醫生」。

翻車魚的
醫術真好呢!

磨蹭 磨蹭

另一方面,翻車魚也是一種身上帶有許多寄生蟲的魚,據說有多達40幾種!

你們就是翻車魚
身上的寄生蟲啊

啊,舒服
多了!

翻車魚還可以吃?!

某些地方會把翻車魚作為食用魚,雖然魚皮很美味,但聽說皮下的脂肪層吃起來完全沒有味道。

翻車魚生魚片

翻車魚皮

生魚片完全
沒味道耶…

翻車魚皮
很好吃哦!

玻璃心的真相

在韓國，翻車魚常常被用來形容弱小、很容易死掉的動物，或者拿來比喻心靈容易
受傷的人。因此人們常誤以為翻車魚是稍微碰一下就會死掉的動物。
不過，翻車魚真的有這麼脆弱嗎？

你比我
還醜耶！

驚

現在的
魚都這樣
聊天嗎？

翻車魚才會玻璃
心又森七七

答案是X！

其實大自然中的翻車魚比想像中更加堅強。
當然，牠年幼體型還小的時候可能被許多捕食者獵食，
大部分會因此喪命，但成年後的翻車魚皮膚非常堅硬，
巨大的身形也讓牠成為強悍的魚類之一。

在海裡
我也是
很強的呢！

哼哼哼

真的翻過去了
T^T

房間太
小了啦…

水太冰
了啦…

但如果在非自然的環境被人工飼養，
翻車魚便可能因為各種理由輕易死亡。
過去在寬敞大海裡自在遨遊的翻車魚，
現在得生活在狹窄的水槽裡，
或許這就是牠們變得容易死掉
的原因也說不定呢！

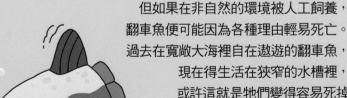

Orange Science 05

最神祕的海洋生物百科

與30種海底生物一起探索你不知道的海洋世界

TV生物圖鑑 著／柳南永 圖

出版發行

橙實文化有限公司 CHENG SHI Publishing Co., Ltd
粉絲團 https://www.facebook.com/OrangeStylish/
MAIL: orangestylish@gmail.com

作　　者	TV生物圖鑑
繪　　者	柳南永
翻　　譯	徐小為
總 編 輯	于筱芬　CAROL YU, Editor-in-Chief
副總編輯	謝穎昇　EASON HSIEH, Deputy Editor-in-Chief
業務經理	陳順龍　SHUNLONG CHEN, Sales Manager
美術設計	楊雅屏　Yang Yaping
製版／印刷／裝訂	皇甫彩藝印刷股份有限公司

編輯中心

ADD ／桃園市中壢區永昌路 147 號 2 樓
2F., No.382-5, Sec. 4, Linghang N. Rd., Dayuan Dist., Taoyuan City
337, Taiwan (R.O.C.)
TEL／（886）3-381-1618 FAX／（886）3-381-1620

經銷商

聯合發行股份有限公司
ADD／新北市新店區寶橋路235巷6弄6號2樓
TEL／（886）2-2917-8022　FAX／（886）2-2915-8614
初版日期 2023年9月